ÉTUDES
THÉORIQUES ET PRATIQUES

SUR

LA NITROGLYCÉRINE

ET

LA DYNAMITE

PAR

A. BRÜLL, INGÉNIEUR CIVIL

EXTRAIT des Mémoires de la Société des Ingénieurs civils.

PARIS

CH. TANERA, ÉDITEUR

LIBRAIRIE POUR L'ART MILITAIRE, LES SCIENCES ET LES ARTS

Rue de Savoie, 6

ÉTUDES

SUR

LA NITROGLYCÉRINE ET LA DYNAMITE

ÉTUDES

THÉORIQUES ET PRATIQUES

SUR

LA NITROGLYCÉRINE

ET

LA DYNAMITE

PAR

A. BRÜLL, INGÉNIEUR CIVIL

EXTRAIT des Mémoires de la Société des Ingénieurs civils.

PARIS

CH. TANERA, ÉDITEUR

LIBRAIRIE POUR L'ART MILITAIRE, LES SCIENCES ET LES ARTS

Rue de Savoie, 6

1875

ÉTUDES

SUR

LA NITROGLYCÉRINE ET LA DYNAMITE

PAR **A. BRÜLL.**

INTRODUCTION.

En 1870 et 1871, nous avons eu l'honneur d'entretenir à plusieurs reprises la Société des Ingénieurs civils de la dynamite et de ses applications militaires. Depuis cette époque, le rôle de la dynamite et des explosifs organiques azotés en général s'est développé considérablement dans la plupart des pays civilisés, et l'on peut presque dire que la connaissance des propriétés, des usages et du mode d'emploi de ces substances forme aujourd'hui une nouvelle branche de l'art de l'ingénieur. Ces questions ont été étudiées dans un grand nombre d'ouvrages publiés dans ces derniers temps, en France, en Angleterre et en Allemagne. M. Berthelot, membre de l'Académie des sciences, et M. Abel, chimiste au département de la guerre, à Woolwich, ont travaillé la question au point de vue scientifique. M. Fritch, capitaine du génie français, et MM. Trauzl et Lauer, officiers du génie autrichien; MM. Champion, Barbe et Caillaux, membres de la Société, ont traité surtout des propriétés et des emplois des nouveaux explosifs. D'autres publications fournissent aussi d'intéressants renseignements sur ces questions encore neuves. Ces divers travaux constituent déjà une collection considérable. Nous avons mis à contribution tous ces documents, comme aussi les faits d'expérience que nous avons pu recueillir comme collaborateur de M. A. Nobel, inventeur de la dynamite, membre de la Société, et de M. P. Barbe, introducteur de la nouvelle industrie en France, en Espagne, en Italie et en Suisse.

Le Mémoire qu'on va lire se compose de deux parties : dans la première, on étudie, d'après les derniers travaux théoriques, le mode d'action des explosifs et la manière dont leur composition influe sur leurs propriétés spécifiques et sur les résultats qu'ils produisent ; la seconde traite de la composition, des propriétés, de la préparation, du mode d'emploi, de l'historique de la nitroglycérine, de la composition, de la préparation, des propriétés de la dynamite, de l'emballage, du transport et de l'emmagasinage, et des modes d'emploi de cette poudre. Parmi les applications, la note ne fait qu'énumérer les usages militaires du nouvel explosif, mais elle renferme l'exposé détaillé des méthodes suivies et des résultats obtenus dans l'industrie. Elle contient de nombreux renseignements sur les travaux à la roche : puits, galeries, tunnels et tranchées, sur les travaux submergés et sur les applications diverses. Enfin le dernier chapitre montre l'étendue des services rendus par la dynamite.

Considérations théoriques.

MODE D'ACTION.

Les substances explosives sont des composés susceptibles de dégager dans un temps très-court, par l'action mutuelle de leurs éléments, un très-grand volume de gaz à une température très-élevée. Ils produisent dans les milieux qui les contiennent une pression considérable et une grande somme de travail mécanique.

Ces substances sont tantôt des mélanges de corps simples (mélange tonnant d'oxygène et d'hydrogène) ; tantôt des combinaisons chimiques (chlorure d'azote, nitroglycérine) ; tantôt encore des mélanges de plusieurs combinaisons (poudres au picrate de potasse) ou des mélanges de combinaisons et de corps simples (poudres à base de nitrates).

A cette diversité de composition correspond une égale variété dans la nature des actions chimiques qui engendrent la chaleur et dégagent les gaz.

Dans le mélange détonant d'oxygène et d'hydrogène, ces effets sont produits par la combinaison des deux corps simples, par la combustion de l'hydrogène.

Dans le chlorure d'azote, au contraire, ces effets sont dus à la séparation des deux éléments : la destruction de la combinaison liquide produit du chlore et de l'azote et développe de la chaleur.

Dans les poudres à base de nitrates ou de chlorates, la décomposition de ces sels absorbe de la chaleur, mais leur oxygène combure le soufre et le charbon, produit de l'acide carbonique et de l'acide sulfurique, en dégageant de la chaleur. Ces acides se combinent eux-mêmes en partie avec la base pour former des sels, ce qui donne encore de la chaleur. Ces deux ordres de réactions dégagent plus de calories que n'en a absorbé la destruction du nitrate ou du chlorate, de sorte qu'il y a en résumé production de gaz et dégagement de chaleur.

Enfin, dans les combinaisons explosives, comme le coton-poudre ou la nitroglycérine, il y a destruction de la combinaison avec absorption de chaleur et formation de nouvelles combinaisons gazeuses (vapeur d'eau, acide carbonique), avec production d'une quantité de chaleur beaucoup plus grande.

La chaleur produite par l'explosion est employée en partie à chauffer la matière qui entoure la charge et aussi l'air ambiant, une partie reste dans les produits solides et gazeux de la combustion, une autre est absorbée par la détente des gaz à mesure que l'espace qui leur est offert s'augmente par le déplacement du bourrage ou par l'écartement des parois du récipient. Toutes ces manifestations calorifiques sont des effets accessoires de l'explosion qui ne concourent pas au résultat proposé.

Le reste de la chaleur se manifeste sous forme de travail mécanique : elle met en vibration la matière enveloppante et l'atmosphère ; elle s'use en frottements du gaz contre les parois de l'enveloppe ; elle déforme ou broie une partie de celle-ci, elle en brise et en disloque d'autres ; elle imprime des mouvements plus ou moins rapides et plus ou moins étendus au projectile, au bourrage et aux éclats du récipient.

Dans ce second groupe d'effets, les uns sont utiles au but qu'on se propose, les autres sont perdus ou même nuisibles.

S'il s'agit, par exemple, de communiquer une grande vitesse à un projectile, le recul de l'arme, la vibration du canon, le bruit dû à l'ébranlement de l'air, l'échauffement de l'arme et du projectile sont des effets inutiles ou nuisibles ; la puissance vive dont s'anime la balle ou le boulet est le seul effet utile de l'explosion. Dans le sautage des roches, on ne recherche ni le broyage ni la vibration, ni la projection des éclats ; la dislocation de la roche avec un déplacement modéré des éclats est le seul effet réellement utile.

Le nombre de calories qu'une explosion est susceptible de fournir, nombre qui permet d'apprécier l'ensemble des effets calorifiques et dynamiques que produira cette explosion, n'est donc pas la mesure de son effet utile dans le sens pratique de cette expression.

Cependant M. Berthelot établit que la comparaison des valeurs de ce nombre de calories pour divers explosifs permet, dans une certaine mesure, de comparer les effets qu'on peut en attendre pour une même application déterminée. En particulier, cette chaleur d'explosion ou cette capacité dynamique donne une idée assez exacte de la valeur d'une substance explosive lorsqu'il s'agit de produire des effets de projection, parce que, dans ce cas, l'effet utile emploie une fraction notable de la chaleur dégagée. La détermination de ces puissances calorifiques a donc une grande importance dans l'étude des explosifs.

Lorsqu'il s'agit, au contraire, d'obtenir des effets brisants, la somme de travail disponible ne permet plus de juger de l'efficacité du produit, puisque l'objet de l'explosion consiste à briser l'enveloppe; que cette rupture n'a lieu que lorsque la pression des gaz dépasse la résistance de celle-ci; qu'elle se produit alors aussitôt, mais en consommant seulement une faible partie du travail disponible, et que la chaleur qui continue à se dégager ne produit plus que des effets à peu près inutiles au résultat.

Dans ces sortes d'applications, ce qu'il importe le plus de connaître pour la comparaison pratique des divers explosifs, c'est la pression maxima que leur combustion peut produire dans le volume justement égal à leur propre volume, où la charge est ordinairement renfermée.

La pression peut être mesurée directement, mais les données expérimentales font encore défaut pour la plupart des explosifs autres que la poudre.

Cette pression pourrait aussi se calculer, d'après le volume de gaz, à la pression et à la température ordinaires que fournit l'explosion, et d'après le nombre des calories dégagées, si l'on pouvait appliquer dans ces calculs la loi de Mariotte, la loi de Gay-Lussac, et les coefficients de dilatation et de chaleur spécifique des gaz. Mais ces coefficients et ces lois physiques, qui ont été déterminés à des températures et à des pressions relativement faibles, ne sont plus applicables aux pressions considérables et aux températures élevées qui sont en jeu dans les phénomènes d'explosion.

On parvient néanmoins à apprécier la pression maxima qu'une explosion peut théoriquement engendrer dans un espace égal au volume occupé par la charge, ou plutôt à calculer pour chaque cas un nombre spécifique à peu près proportionnel à cette pression maxima, de façon à pouvoir comparer à ce point de vue la valeur des diverses substances. Ce nombre est le produit du volume de gaz, à la pression et à la température ordinaires, que dégagent les réactions chimiques de l'explosion, par la quantité de chaleur qu'elles produisent. On conçoit en effet que la pression doit être proportionnelle au volume de gaz; et, si les chaleurs spécifiques des gaz à très-haute pression et à volume constant étaient à peu près égales pour les divers gaz et constantes aux diverses pressions, la quantité de chaleur pourrait servir de mesure à la température, et permettrait d'apprécier, à égalité de volume primitif, la pression définitive. Il est supposable que la réalité des phénomènes s'écarte plus ou moins de ces hypothèses.

Quoi qu'il en soit, dans l'état actuel de nos connaissances et en l'absence des mesures expérimentales de la pression, le produit du volume par la quantité de chaleur semble être le nombre qui donne l'idée la plus juste des pressions comparatives que peuvent développer les divers agents explosifs.

Ainsi donc le nombre de calories dégagées par l'explosion d'une substance permet de juger de sa valeur comme poudre de projection, et le produit du même nombre par le volume des gaz à 0^{0} et $0^{m},76$ de pression donne une idée de son effet brisant.

Il est donc important de déterminer ou de calculer pour les diverses matières détonantes la chaleur totale d'explosion et le volume de gaz. Il faut pour cela connaître la composition chimique de la matière et la composition des produits de l'explosion. Mais on ne peut connaître que les produits définitifs de l'explosion, et dans bien des cas ces produits ne se forment pas directement, mais bien par suite de décompositions et de recompositions successives.

Si l'on fait détoner un mélange d'un volume d'oxygène et de deux volumes d'hydrogène il ne peut se former que de la vapeur d'eau; elle se forme directement. De même, dans l'explosion du chlorure d'azote, il ne peut se produire que du chlore et de l'azote, et ces gaz se dégagent directement. Mais lorsque, au contraire, on reconnaît par l'analyse des produits de l'explosion de la poudre la présence du sulfate de potasse, du carbonate de potasse, de l'acide carbonique et d'un grand nombre d'autres sels et d'autres gaz, on peut être certain que le sulfate et le carbonate de potasse, par exemple, ne se sont pas formés tout d'une pièce, car ils ne peuvent subsister à la température très-élevée du début de l'explosion ; il s'est formé à ce moment des corps plus simples, qui n'ont pu se combiner ensuite que grâce à l'abaissement de température et à la diminution de pression qu'ont amenés la communication de la chaleur aux corps environnants, la détente des gaz dans le volume agrandi et la production des effets dynamiques.

Dans les cas de cette nature, la production de la chaleur est progressive, ses émissions successives correspondent aux diverses phases de réactions chimiques mal connues et dont le résultat seul peut être observé.

La somme totale de chaleur dégagée n'en est pas changée, mais les effets par lesquels cette chaleur se manifeste doivent en être fortement influencés : car ces effets dépendent des conditions au milieu desquelles la chaleur est produite, conditions qui se modifient d'un instant à l'autre du phénomène.

En particulier, la température et la pression maxima développées dans le volume occupé par la charge sont moins élevées lorsqu'il y a dissociation que lorsque l'action chimique produit du premier coup ses résultats ; et par contre, la température et la pression se maintiennent plus longtemps dans le voisinage de leur maximum, par suite des émissions complémentaires de chaleur qu'occasionnent les recombinaisons des éléments dissociés. La dissociation tend donc à augmenter les effets de projection et à diminuer les effets brisants. Il convient donc, pour comparer les propriétés des explosifs, non-seulement de déterminer leur puissance calorifique et le volume de gaz qu'ils dégagent, mais de tenir compte aussi de la formation directe ou par phases successives des produits définitifs de leur combustion.

Pour calculer le volume de gaz, il suffit de connaître la composition des produits de l'explosion et de diviser par la densité de chacun d'eux le poids que représente le nombre d'équivalents donné par la formule.

La puissance calorifique peut être mesurée en produisant l'explosion dans un calorimètre.

Cette expérience paraît n'avoir encore été faite que sur la poudre à base de nitrate de potasse. Il serait bien désirable que des recherches du même genre fussent entreprises sur les nouvelles substances explosives.

FORCE DE LA POUDRE.

MM. Bunsen et Schischkoff ont trouvé qu'un kilogramme de poudre produisait 619c,5. Cette poudre avait la composition suivante :

Azotate de potasse.			78,9
Soufre.			9,8
Charbon.	Carbone.	7,6	11,0
	Hydrogène.	0,4	
	Oxygène.	3,0	
			99,7

Les produits de l'explosion ont été analysés et ont fourni la composition ci-dessus :

Sulfate de potasse.	42,2
Carbonate de potasse.	12,6
Hyposulfite de potasse.	3,2
Sulfure de potassium.	2,1
Sulfocyanure de potassium.	0,3
Sesquicarbonate d'ammoniaque.	2,8
Azotate de potasse échappé à la réaction.	3,7
Charbon échappé à la réaction.	0,7
Soufre échappé à la réaction.	0,1
Acide carbonique.	20,1
Oxyde de carbone.	0,9
Azote.	9,9
Hydrogène sulfuré.	0,18
Hydrogène.	0,02
Oxygène.	0,14
Ensemble.	98,9
Perte.	1,1
Total.	100,0

Les gaz avaient un volume de 193 litres à 0° et à 0m,760 de pression.

A défaut d'expériences directes, on peut calculer la chaleur dégagée par l'explosion en la considérant comme la différence entre la quantité de chaleur que produirait la formation, à partir de leurs éléments, de tous les produits de la combustion, et la quantité de chaleur engendrée par la formation, à partir de ces mêmes éléments, de la matière explosive.

Cela revient à supposer que les corps simples dont se compose l'explosif se désunissent d'abord moyennant une dépense de chaleur égale à celle qu'il a fallu pour les combiner, puis se recombinent entre eux de façon à produire justement les composés que forment les produits de l'explosion.

Nous allons exposer d'après cette méthode les calculs relatifs à la poudre de guerre et à la nitroglycérine.

M. Link a analysé la poudre de guerre. Cette poudre contenait :

Nitrate de potasse	74,70
Soufre	12,45
Charbon	12,25
Total	99,40

En déduisant les matières échappées à la combustion et les produits accessoires, les analyses de l'auteur peuvent être représentées par l'équation suivante :

$$8\,AzO^6K + 6\tfrac{1}{2}S + 15\,C = 4\,So^4K + 2\tfrac{3}{4}CO^3K + 1\tfrac{1}{4}KS^2 + 8\,Az + 11\tfrac{1}{2}CO^2 + \tfrac{3}{4}CO.$$

Cette équation donne à la poudre une composition un peu différente de celle qu'a fournie l'analyse. En calculant d'après les équivalents, on trouve :

$8\,AzO^6K = 8(14 + 6 \times 8 + 39,1)$	=	808gr,8
$6\tfrac{1}{2}S = 6\tfrac{1}{2} \times 16$	=	104 ,0
$15\,C = 15 \times 6$	=	90 ,0
Total		1002gr,8

La chaleur dégagée par la formation d'un équivalent de nitrate de potasse depuis ses éléments n'a pas été mesurée, mais M. Berthelot l'a calculée d'après la chaleur de combustion observée pour la poudre par MM. Bunsen et Schischkoff. La chaleur de formation des autres constituants de la poudre et celle de tous les autres produits de l'explosion étant connues par les observations de divers physiciens, M. Berthelot a posé une équation égalant la chaleur de formation depuis leurs éléments de l'ensemble des produits de la combustion à la somme de la chaleur de formation de la poudre depuis ses éléments et de la chaleur de l'explosion mesurée par les deux savants allemands. En résolvant cette équation par rapport à la chaleur de formation du nitrate de potasse, qui était la seule quantité inconnue, M. Berthelot a trouvé 129 calories pour la chaleur de formation depuis ses éléments, d'un équivalent de nitrate de potasse pesant 101gr,1.

Sur ces 129 calories, la formation, depuis ses éléments et l'eau, de l'acide azotique étendu en produit. 28,6
La formation, depuis ses éléments et l'eau, de la potasse étendue. . . 78,1
L'union de l'acide étendu et de la base étendue. 13,8
La dessiccation du nitrate de potasse étendu. 8,6
Total égal. 129,1

Il est regrettable qu'un coefficient aussi important pour l'étude des explosifs n'ait encore été obtenu que d'une façon aussi détournée.

La chaleur de formation de la poudre de guerre est donc pour 1002gr,8 de $8 \times 129 = 1032$ calories :

dont $8 \times 28^c,6 = 228^c,8$, dues à la formation de l'acide étendu;
$8 \times 78^c,1 = 624^c,8$, dues à la formation de la potasse étendue;
$8 \times 13^c,8 = 110^c,4$, dues à l'union de l'acide et de la base;
et $8 \times 8^c,6 = 68^c,8$, dues à la dessiccation du sel.
Total égal. . . 1032 calories.

Les produits de la combustion comprennent du sulfate de potasse, du carbonate de potasse, du sulfure de potassium, de l'azote, de l'acide carbonique et de l'oxyde de carbone. La chaleur de ces divers corps a été mesurée directement ou bien déduite par le calcul de déterminations expérimentales.

On trouvera le détail de ces calculs dans le magnifique travail de M. Berthelot; nous nous contenterons d'appliquer les nombres donnés par le savant physicien.

Le calcul de la chaleur de formation des produits de l'explosion s'établit ainsi :

		SO^4K	$4\ SO^4K$
$4\ SO^4K$....	Formation de l'acide sulfurique étendu.	68,9	275,6
	Formation de la potasse étendue.	78,1	312,4
	Formation du sel dissous.	16,0	64,0
	Dessiccation.	3,1	12,4
	Total.	166,1	664,4
		CO^3K	$2\frac{3}{4}\ CO^3K$
$2\frac{3}{4}\ CO^3K$..	Formation de l'acide carbonique.	47,0	129,250
	Formation de la potasse étendue.	78,1	214,775
	Formation du sel dissous.	12,8	35,200
	Dessiccation.	— 3,3	— 9,075
	Total.	134,6	370,150
$1\frac{1}{4}\ KS^2$ (compté comme KS)	$1\frac{1}{4}$. . . . . ×	45,3	56,625
$11\frac{1}{2}\ CO^2$ —	$11\frac{1}{2}$. . . . . ×	47,0	540,5
$\frac{3}{4}\ CO$ —	$\frac{3}{4}$. . . . . ×	12,5	9,375
	Total.		1641,05
Retranchant la chaleur de formation de la poudre.			1082,00
On a la chaleur dégagée par l'explosion.			609,05

Pour 1002gr,8 de poudre de guerre, soit environ 608 calories par kilogramme, c'est à peu près la valeur trouvée expérimentalement par MM. Bunsen et Schischkoff.

Pour calculer le volume des gaz et vapeurs résultant de l'explosion, établissons d'abord le poids de chacun d'eux, d'après le second membre de notre équation.

$4 SO^4K = 4(16 + 4 \times 8 + 39,1)$ . . . . . . = 348gr,4
$2\frac{3}{4} CO^3K = 2\frac{3}{4}(6 + 3 \times 8 + 39,1)$ . . . . = 190 ,0
$1\frac{1}{4} KS^2 = 1\frac{1}{4}(39,1 + 2 \times 16)$ . . . . = 88 ,9
$8 Az = 8 \times 14$ . . . . = 112 ,0
$11\frac{1}{2} CO^2 = 11\frac{1}{2}(6 + 2 \times 8)$ . . . . = 253 ,0
$\frac{3}{4} CO = \frac{3}{4}(6 + 8)$ . . . . = 10 ,5
Total égal. 1002gr,8

Appliquons maintenant les densités ramenées à 0° et 0,76 de pression.

POIDS.	DÉSIGNATION.	DENSITÉ.	VOLUME.	
gr.				
348,4	SO^4K	»		l.
190,0	CO^3K	»		89,00
88,9	KS^2	»		
112,0	Az	1,256167	89,16	
253,0	CO^2	1,977414	127,94	225,59
10,5	CO	1,237580	8,49	
1002,8				314,59

C'est environ 225 litres de gaz permanents pour 1 kilogramme de poudre.

Le produit du nombre de calories par le volume des gaz permanents est donc égal à $608 \times 225 = 137,000$.

La vaporisation totale de tous les composés donnerait 314 litres, au lieu de 225, en supposant, conformément aux observations de Rumford, que le carbonate de potasse, le sulfate de potasse et le sulfure de potassium affectent la forme gazeuse dans les premiers moments du phénomène, et en ramenant par le calcul le volume de ces vapeurs à la température de 0° et à la pression atmosphérique.

Il convient de remarquer que la détermination de la chaleur d'explosion et du volume des gaz repose sur la connaissance supposée des produits de la combustion. Or il y a beaucoup de cas où cette connaissance n'est pas le résultat d'analyses directes. Lorsque la substance contient une quantité d'oxygène suffisante pour comburer complétement l'hydrogène, le carbone, le soufre et les autres corps combustibles qu'elle renferme, on peut admettre que l'eau, l'acide carbonique et l'acide sulfurique se forment réellement et que ces deux gaz se combinent avec la potasse.

Comme on l'a vu, chaque équivalent de sulfate de potasse dégage en se formant 166c,1 ; chaque équivalent de carbonate de potasse en donne 134,6. La formation de ces deux sels, dans le cas particulier de la poudre de guerre, produit 664,4 + 370,9 = 1035c,3, soit beaucoup plus à elle seule que le total de calories résultant de l'explosion. Or, lorsqu'il n'y a pas dans la matière détonante assez d'équivalents d'oxygène pour brûler complétement les éléments combustibles, on ne peut pas savoir sur lesquels des éléments l'oxygène se portera de préférence et dans quelle proportion les composés définitifs se formeront. Mais M. Berthelot a conclu de quelques analyses, qu'en général il tendait à se produire autant de sulfate de potasse et de carbonate de potasse que le comporte la quantité d'oxygène disponible, de sorte que la combustion produirait ainsi le maximum possible de chaleur.

On voit que le résultat de ces sortes de calculs dépend beaucoup des hypothèses que l'on fait sur la constitution des produits de l'explosion. Il faut bien comprendre que la décomposition de la poudre en éléments, et les combinaisons de ces éléments entre eux, n'ont pas lieu réellement comme le supposent les calculs qui viennent d'être développés. La chaleur de 609 unités résultant de l'explosion n'est pas en réalité la différence entre 1641 calories effectivement fournies par la combinaison de l'oxygène, de l'azote, du potassium, du carbone et du soufre, et 1032 calories absorbées pour dégager de leurs combinaisons ceux de ces corps simples qui constituaient le nitrate de potasse. Or il y aurait un grand intérêt à se faire une idée même approximative des réactions qui ont réellement lieu, qui engendrent la chaleur développée et sont ainsi la cause directe des effets de l'explosion. C'est pour arriver à cette notion que nous avons groupé d'une façon particulière dans le tableau suivant les quantités de chaleur absorbées et dégagées par les décompositions et combinaisons fictives sur lesquelles sont basés les calculs qui précèdent.

Calories absorbées.		Calories dégagées.			Calories résultantes.	
Dissolution du nitrate de potasse dans un excès d'eau.	68c,8	Formation d'acide sulfurique étendu d'eau...		275c,000	Passage de l'oxygène, de l'azote au carbone et au soufre 954,725 — 228,8 =	725c,925
Décomposition du sel dissous en acide nitrique étendu et en potasse dissoute dans un excès d'eau....	110,4	Formation d'acide carbonique...	129,250 540,500	679,125	Passage de la potasse de l'acide nitrique à l'acide sulfurique, à l'acide carbonique et au soufre 99,200 — 110,400 =	— 11,200
		Formation d'oxyde de carbone....	9,375			
Décomposition de l'acide azotique étendu en ses éléments plus de l'eau..........	228,8	Formation de potasse dissoute dans un excès d'eau..............	312,400 214,775	583,800		
		Formation de sulfure de potassium.	56,625			
Décomposition de la dissolution étendue de potasse en ses éléments plus de l'eau..............	624,8	Formation d'azotate et de carbonate de potasse dissous dans un excès d'eau....................	64,000 35,200	99,200	Décomposition et recomposition de la potasse 583,8 — 624,8 =	— 41,0
		Dessiccation de l'azotate et du carbonate de potasse............	12,400 —9,075	3,325	Addition et enlèvement d'eau : 3,325 — 68,8 =	— 65,475
Total de la chaleur consommée.......	1032,8	Total de la chaleur développée......		1641,050	Total........	608,250

Ainsi la combustion du carbone et du soufre à l'aide de l'oxygène de l'acide azotique produit	725c,925
Le rôle de la potasse, rôle presque entièrement fictif, consisterait à absorber 11,2 + 41,0. . . . . =	52 , 2
L'intervention purement fictive de l'eau absorberait. . . .	65 ,475
De sorte que la chaleur résultante, qui s'élève à.	608c,250

représente, en résumé, environ les $\frac{5}{7}$ de la chaleur que dégage la combustion du carbone et du soufre à l'aide de l'oxygène de l'acide azotique.

Au point de vue des gaz dégagés, le tableau de la page 13 montre que les produits de la combustion du carbone entrent dans le total de 314 litres 59 pour 127,94 + 8,49, soit environ 136,43, et l'azote du nitre pour 89,16 ; les sels vaporisés n'ajoutent à ce total que 89 litres.

Enfin il convient de remarquer que les produits de la combustion, sels de potasse et acide carbonique, ne se forment pas dans les premiers instants de l'explosion, et ne peuvent prendre naissance que successivement, à mesure que la température diminue. La dissociation joue un rôle d'autant plus prononcé que ces produits sont plus complexes.

La pression maxima, dont le produit $608 \times 225 = 137,000$, nous a donné la mesure proportionnelle, ne peut donc pas être atteinte; la pression réelle doit s'en écarter au début très-notablement. Mais, au lieu de diminuer aussi rapidement que le comporterait la détente et les diverses dépenses de chaleur, elle est soutenue par les émissions de calorique dues à la formation des combinaisons de plus en plus avancées des élément dissociés, elle s'abaisse moins vite.

Il résulte de ces phénomènes que la poudre de guerre est moins brisante, mais qu'elle est susceptible de produire des effets de détente de plus d'intensité et d'une plus longue durée que ne le ferait supposer la valeur du produit caractéristique 137,000.

Les effets sont moins brisants et plus prolongés que ceux d'une substance pour laquelle ce produit serait le même, mais dont l'explosion fournirait des produits moins complexes.

FORCE DE LA NITROGLYCÉRINE.

Nous passerons maintenant à l'étude de la nitroglycérine. La décomposition de cette substance peut être représentée par l'équation :

$$C^6H^2(AzO^6H)^3 = 6CO^2 + 5HO + 3Az + O.$$

On voit d'abord que la nitroglycérine jouit de cette propriété remarquable de renfermer plus d'oxygène qu'il n'en faut pour la combustion entière du carbone et de l'hydrogène qu'elle contient. Il y a donc moins d'incertitude sur la nature des produits de la combustion : tout le carbone doit passer à l'état d'acide carbonique, et tout l'hydrogène se transforme en vapeur d'eau. L'excédant d'oxygène que la formule suppose resté à l'état libre forme dans certains cas un peu de bioxyde d'azote. M. L'Hôte a communiqué à l'Académie des sciences (*Comptes rendus*, 1871, 2e semestre, n° 17, 25 octobre) une analyse des produits de la combustion de la nitroglycérine détonant dans un eudiomètre. Cette analyse s'écarte notablement des résultats que fournit l'application de la formule, tant au point de vue du volume total des gaz qu'en ce qui concerne la proportion de chacun d'eux. Mais il n'y a pas lieu de s'arrêter à cette divergence, parce que, dans l'expérience de M. L'Hôte, la détonation a lieu dans un espace beaucoup plus grand que le volume même de la charge, ce qui influe sur la nature des actions chimiques, parce que l'acide azotique a agi sur le mercure de l'eudiomètre pour former de l'azotate de mercure, et enfin parce que l'eau n'a pas été dosée.

La formule de la nitroglycérine correspond à la composition suivante :

6 C.	36 grammes.
2 H.	2
$3\,(Az\,O^6\,H) = 3\,(14 + 6 \times 8 + 1)$. =	189
	227 grammes.

Pour calculer la chaleur produite par la réaction que représente l'équation, il faut déterminer la chaleur de formation de la nitroglycérine à partir de ses éléments, la chaleur de formation des produits de la combustion à partir de leurs éléments, et prendre la différence des deux nombres.

La chaleur de formation de la nitroglycérine depuis ses éléments est égale à la chaleur de formation de la glycérine depuis ses éléments, plus celle de l'acide azotique monohydraté depuis ses éléments, plus encore la chaleur dégagée dans l'union de ces deux corps, moins la chaleur de formation de l'eau qui forme le résidu de la réaction.

M. Berthelot évalue la chaleur de formation de la glycérine à.	158,0c
Celle de l'acide azotique monohydraté à 55,5 pour un équivalent, soit pour 3 équivalents.	166,5
M. Berthelot a mesuré au calorimètre la chaleur dégagée par l'action de trois équivalents d'acide azotique monohydraté sur un équivalent de glycérine et l'a trouvée égale à. . . .	13,0
Cela donne un total de.	337,5
Les 6 équivalents d'eau qui se forment et se séparent enlevant à raison de 34,5 calories par équivalent.	207,0
Il reste ainsi.	130,5

La chaleur de formation depuis leurs éléments des produits de la combustion s'établit comme suit, savoir :

6 CO^2.	6 × 47.	282^c
5 HO.	5 × 34,5.	172,5
		454,5

Mais les cinq équivalents d'eau sont à l'état gazeux, ce qui diminue le résultat de 537 calories par kilogramme, soit pour 5 HO = 45 grammes.	24,0
Il reste donc.	430,5
Et si l'on en retranche la chaleur de formation de la nitroglycérine depuis ses éléments, soit.	130,5
Il reste.	300,0

pour la chaleur produite par l'explosion de 227 grammes de nitroglycérine, soit par kilogramme 1,321 calories.

Pour calculer le volume des gaz produits, posons d'abord le poids de chacun de ces gaz :

6 CO^2 = 6 (6 + 16).	=	132 grammes.
5 HO = 5 (1 + 8).	=	45
3 Az = 3 × 14.	=	42
O.	=	8
Total.		227 grammes.

Divisons maintenant le poids de chaque gaz par la densité à 0° et 0^m,760 :

	Densité.	Volume.
132^{gr} CO^2.	1,977414	66^l,75
45 HO.	0,806302	55 ,81
42 Az.	1,256167	33 ,43
8 O.	1,429802	5 ,60
Total.		161^l,59

Le volume de gaz dégagé par kilogramme s'élève ainsi à

$$\frac{1000}{227}\,161{,}59 = 712 \text{ litres.}$$

Le produit du nombre de calories par le volume de gaz est donc égal à 1321 × 712 = 940,552.

Si nous recherchons, comme pour la poudre de guerre, la vraie source de cette énorme quantité de chaleur développée par l'explosion de la nitroglycérine, nous pouvons dresser le tableau suivant :

Calories absorbées.				Calories dégagées.		Calories résultantes.	
Combinaison avec la nitroglycérine de six équivalents d'hydrogène et de six équivalents d'oxygène.	—207	Isolement des six équivalents de carbone et de deux équivalents d'hydrogène de la glycérine.	—36	Formation de l'acide carbonique.	282	Isolement des six équivalents de carbone et de deux équivalents d'hydrogène de la glycérine.	36
Séparation de la glycérine d'avec l'acide azotique.	13			Formation de deux équivalents d'eau à l'état gazeux, 69 — 24 ...... =	45	Combustion de ces éléments par l'oxygène de l'acide azotique, 282 + 45 — 63 =	264
Décomposition de la glycérine en ses éléments...	158						
Décomposition de l'acide azotique monohydraté en ses éléments..	166,5	Décomposition de l'acide azotique monohydraté en azote, oxygène et eau..	63				
Reconstitution de l'eau de l'acide azotique monohydraté, 3 × 34,5...	—103,5						
		Totaux.....	27		327		300

On voit d'après ce tableau que les 300 calories que donne l'explosion d'un équivalent de nitroglycérine proviennent pour 88 pour 100 de la combustion du carbone et de l'hydrogène provenant de la glycérine à l'aide de l'oxygène de l'acide azotique. Le carbone et l'hydrogène qui constituent les combustibles sont engagés dans une combinaison ; mais ils y sont si peu retenus, ou autrement cette combinaison est tellement instable, que leur mise en liberté, loin de consommer de la chaleur, produit 36 calories.

Les produits de la combustion sont de l'acide carbonique, de la vapeur d'eau, de l'azote et de l'oxygène.

L'acide carbonique et la vapeur d'eau ne peuvent probablement pas se former au début de l'explosion à cause de la très-haute température ; ils se produisent successivement pendant que celle-ci s'abaisse. Toutefois le rôle de la dissociation sera moins important que pour la poudre, parce que l'acide carbonique et l'eau sont des produits moins complexes et par suite plus susceptibles d'exister à haute température que les produits de la déflagration de la poudre, et aussi parce que les pressions, bien plus élevées qu'avec la poudre, tendent à combattre l'effet dissociant de la haute température.

COMPARAISON DE LA POUDRE ET DE LA NITROGLYCÉRINE.

En résumant les résultats des calculs et des raisonnements qui précèdent, on peut établir comme suit la comparaison au point de vue théorique de la poudre de guerre et de la nitroglycérine.

La chaleur d'explosion d'un kilogramme de poudre de guerre est égale à 608 calories; celle d'un kilogramme de nitroglycérine est de 1321 calories, soit plus du double.

A poids égal, l'ensemble des effets calorifiques et dynamiques de la nitroglycérine est plus que double de la somme des effets de la poudre.

Ce rapport théorique sera à peu près le rapport des effets utiles des deux substances lorsqu'on les emploiera surtout à projeter. Ainsi, dans une arme suffisamment résistante pour l'emploi de la nitroglycérine, il faudrait à peu près une charge moitié moindre que la charge de poudre pour lancer le même projectile à la même distance.

Le volume de gaz permanents dégagés par 1 kilogramme de poudre de guerre est de 225 litres. En comptant en plus les sels vaporisés, le volume développé est de 314 litres.

Un kilogramme de nitroglycérine produit 712 litres de gaz permanents, soit trois fois plus de gaz permanents que la poudre.

Le produit de la chaleur d'explosion par le volume de gaz est pour

1 kilogramme de poudre. . . . . :	137,000
et pour 1 kilogramme de nitroglycérine.	940,500

soit six à sept fois plus grand.

La pression maxima que peut théoriquement développer 1 kilogramme de nitroglycérine dans une capacité de 1 litre serait donc six ou sept fois celle que donnerait 1 kilogramme de poudre.

Les produits de combustion de la nitroglycérine sont peu susceptibles de dissociation, malgré la très-haute température; ceux de la poudre sont plus complexes, et par suite doivent subir davantage la dissociation, malgré la température plus faible, eu égard surtout à ce que la pression est plus faible.

Donc la pression réelle, toutes choses égales d'ailleurs, s'approchera plus du maximum théorique pour la nitroglycérine que pour la poudre; elle se soutiendra relativement mieux et plus longtemps pour cette seconde substance : mais, en raison du point de départ moins élevé, elle aura pour toutes les phases du phénomène des valeurs beaucoup moindres.

Dans les applications où l'on se propose surtout de produire des ruptures, la nitroglycérine donnera donc, à poids égal, plus de sept fois autant d'effet brisant que la poudre de guerre.

Mais, comme les substances explosives sont, dans la plupart des cas de la pratique, dans les armes comme dans les trous de mine, confinées dans un espace justement égal à leur volume, la comparaison de leur action à volume égal a plus d'intérêt encore que la comparaison de leurs effets à égalité de poids.

Or la poudre de guerre a une densité d'environ $0^{k},9$, tandis que le poids d'un litre de nitroglycérine est de $1^{k},6$. Les chaleurs d'explosion sont donc dans le rapport de $\frac{1321 \times 1,6}{608 \times 0,9} = \frac{2113,6}{547,2}$ à volume égal. C'est, à peu de chose près, le rapport de 4 à 1. Les pressions théoriques maxima sont dans le rapport de $\frac{940500 \times 1,6}{137000 \times 0,9}$, soit 13 environ pour un volume égal des deux substances; et le rapport entre les pressions maxima, étant tenu compte de la dissociation, est encore plus considérable, et donne la mesure de l'efficacité comparative de la nitroglycérine pour les ruptures.

Pour rechercher, à la lumière des considérations théoriques qui ont été exposées, les motifs de cette grande supériorité de la nitroglycérine sur la poudre, tant au point de vue des effets de projection que des effets de rupture, il faut d'abord rappeler la composition des deux substances.

La poudre de guerre, que nous avons prise pour exemple, a pour formule :

$$6\tfrac{1}{2}S + 15C + 8(AzO^6K) = 1002^{gr},8.$$

La nitroglycérine est représentée par la formule :

$$C^6H^2 3(AzO^6H) = 227 \text{ grammes.}$$

La composition en poids d'un kilogramme et d'un litre de chacune des deux substances est inscrite au tableau suivant :

DÉSIGNATION DES CORPS.	POUDRE.		NITROGLYCÉRINE.	
	1 kil.	1 litre.	1 kil.	1 litre.
	gr.	gr.	gr.	gr.
Carbone	90	81,0	159	254,4
Soufre	104	93,6	»	»
Hydrogène	»	»	9	14,4
Acide azotique anhydre	431	387,9	713	1140,8
Potasse combinée avec l'acide azotique	375	337,5	»	»
Eau combinée avec l'acide azotique	»	»	119	190,4
Totaux	1000	900,0	1000	1600,0

Comparons les corps qui constituent un litre de poudre et un litre de nitroglycérine, nous trouvons d'abord pour les corps combustibles :

DÉSIGNATION des CORPS.	POUDRE.		NITROGLYCÉRINE.	
	Poids de chaque corps.	Calories produites par l'oxydation complète.	Poids de chaque corps.	Calories produites par l'oxydation complète.
Carbone	81gr,0	673c	254gr,4	1993c
Soufre	93gr,6	»	»	»
Hydrogène	»	202	14gr,4	497
Totaux	174gr,6	875c	268gr,8	2490c

On voit qu'un litre de nitroglycérine renferme en poids 55 p. 100 de plus de substances combustibles qu'un litre de poudre, en raison de sa plus grande densité, et que ces substances sont susceptibles, en cas d'oxydation complète, de fournir près de trois fois autant de chaleur : ce qui vient de la faible puissance calorifique du soufre et de la grande puissance calorifique du peu d'hydrogène que contient la nitroglycérine.

De plus, nous avons vu que cette oxydation complète se produit théoriquement dans la déflagration de la nitroglycérine, tandis qu'elle ne peut avoir lieu pour la poudre, qui ne contient pas assez d'oxygène pour cela.

Il faut ajouter que les combustibles de la poudre sont à l'état libre, tandis que ceux de la nitroglycérine se détachent pour brûler d'une combinaison dont la destruction paraît fournir un peu de chaleur.

Quant à l'oxygène comburant, il provient dans l'un et l'autre cas de l'acide azotique; or un litre de nitroglycérine en renferme 1,140gr,8, et un litre de poudre n'en contient que 387gr,8, soit environ le tiers : ce qui provient d'abord de la différence des densités, et ensuite et surtout de ce que chaque équivalent d'acide azotique est uni à un équivalent de potasse pesant 49gr,1 dans la poudre, tandis qu'il est uni dans la nitroglycérine avec un équivalent d'eau qui ne pèse que 9 grammes.

Le calorique à fournir pour détacher l'oxygène de sa combinaison est d'ailleurs égal dans les deux cas pour un même poids d'oxygène.

En dehors des corps combustibles et de l'oxygène comburant, le rôle calorifique de la potasse dans la poudre et de l'eau supposée combinée avec l'acide azotique dans la nitroglycérine paraît se réduire à peu de chose.

On voit donc en résumé que les causes principales de la supériorité des effets de la nitroglycérine sur la poudre sont : sa plus grande densité, le remplacement du soufre par le charbon et par un peu d'hydrogène, la réunion de ses éléments en une combinaison facile à détruire, sa richesse en oxygène et la substitution de l'eau à la potasse comme véhicule de l'acide azotique.

FORCE DE LA DYNAMITE N° 1

La dynamite n° 1 se compose de 75 p. 100 de nitroglycérine et de 25 p. 100 de silice. La chaleur d'explosion est égale à $0,75 \times 1321 = 991^c$.

Le volume des gaz dégagés est égal à $0,75 \times 712 = 534^l$.

Mais les 991 calories sont employées en partie à échauffer les 534 litres de gaz, en partie à échauffer la silice. La capacité calorifique est à peu près la même pour les gaz et et pour l'absorbant. On peut donc admettre que les gaz reçoivent les 75 p. 100 de la chaleur. Le produit caractéristique est donc $0,75.991 \times 534 = 396.895$.

FORCE DE LA POUDRE A BASE DE NITRATE DE SOUDE.

La composition de la poudre à base de nitrate de soude est représentée par la formule :

$$8\,AzO^6Na + 6S + 13C$$

Elle correspond à la teneur suivante :

Nitrate de soude	680 grammes ou		0,796
Soufre	96	—	0,113
Charbon	78	—	0,091
Total	854	—	1,000

L'explosion de cette poudre est représentée par l'équation :

$$8\,AzO^6Na + 6S + 13C = 5\,So^4Na + 2\,Co^3Na + NaS + 8\,Az + 11\,Co^2$$

La chaleur de formation de la poudre, à partir des éléments, due à la formation du nitrate de soude :

$$AzO^6Na = Az + 6O + Na$$

est pour chaque équivalent de 122c,1, soit pour 8 équivalents :

$8 \times 122^c,1$ . . . . = 976c,8

La chaleur de formation, à partir des éléments des produits de l'explosion, se calcule ainsi, savoir :

$So^4Na = S + 4O + Na = 159,1 - 5 \times 159,1$	=	795,5
$Co^3Na = C + 3O + Na = 131,7 - 2 \times 131,7$	=	263,4
$NaS = Na + S$	=	43,0
$Co^2 = C + O^2 = 47 - 11 \times 47$	=	517,0
Total		1618,9 ci. 1618,9

La chaleur de l'explosion, égale à la différence, ressort donc à 642,1 pour 854 grammes, soit 752 calories par kilogramme.

Le volume de gaz dégagé s'établit ainsi :

DÉSIGNATION DES GAZ.	VOLUME D'UN ÉQUIVALENT.	VOLUME TOTAL.
	litres.	litres.
8 Az	11,145	89,160
11 Co^2	11,126	122,386
Total	»	211,546

211,546 litres pour 854 grammes font 248 litres par kilogramme.

Le produit de la chaleur d'explosion par le volume de gaz, non compris le volume des sels vaporisés, est donc :

$$752 \times 248 = 186\,496.$$

FORCE DE LA DYNAMITE N° 3.

La composition de la dynamite n° 3, de la fabrique de Paulille, est la suivante :

Nitrate de soude	70
Charbon	10
Nitroglycérine	20
Total	100

Cette composition correspond à la formule :

9534 Az O^{6}Na + 19 295 C + 1020 C^{6}H^{2}3 Az O^{6}H = 9534 × 85^g + 19295 × 6^g + 1020 × 227^g = 1 157 700^{gr}.

L'explosion complète de cette substance est représentée par l'équation suivante :

9534 Az O^6 Na + 19295 C + 1020 C^6 H^{2}3 Az OH^6 = 9534 CO^3 Na + 5100 HO + 15881 CO^2 + 12594 Az + 10100 O

La chaleur de formation de cette poudre, à partir de ses éléments, se calcule comme suit :

Nitrate	9534 × 122,1 =	1164101^c	
Nitroglycérine	1020 × 130,5 =	133110	
Total		1297211 ci.	1 297 211

La chaleur de formation, à partir des éléments des produits de la combustion, s'établit ainsi :

C O^3 Na — 9534 × 131,7	=	1255 628^c	
H O — 5100 × 29,667	=	151 302	
C O^2 — 15881 × 47	=	746 407	
Total		2153 337 ci.	2153 337

La chaleur d'explosion est égale à la différence, soit à 856 126 pour 1157^k,700, ou 740 calories par kilogramme.

Le volume des gaz dégagés peut se calculer comme suit, savoir :

DÉSIGNATION DES GAZ.	VOLUME D'UN ÉQUIVALENT.	VOLUME TOTAL.
	litres.	litres.
5100 HO	11,162	56,926
15881 Co^2	11,126	174,692
12594 Az	11,145	140,360
18100 O	5,595	56,510
Total	»	428,488

428 488 litres pour 1,157^k,700 font 370 litres par kilogramme.

Le produit de la chaleur d'explosion par le volume des gaz est ainsi de

$$740 \times 370 = 273\,800$$

COMPARAISON DES POUDRES ET DES DYNAMITES.

Si l'on rapproche les résultats des calculs qui précèdent, on obtient le tableau suivant :

DÉSIGNATION.	COMPOSITION.	CHALEUR d'explosion.	VOLUME de gaz.	PRODUIT caractéristique.	EFFETS de la dissociation.
Poudre de guerre.	Nitrate de potasse.. 74,70 Soufre.... 12,45 Charbon... 12,25	608c	225l	137000	Considérables.
Poudre à base de nitrate de soude.	Nitrate de soude... 79,6 Soufre.... 11,3 Charbon... 9,1	752	248	186496	Considérables.
Nitroglycérine....	$C^6H^23(AzO^6H)$...	1321	712	940500	Faibles.
Dynamite n° 1....	Nitroglycérine.. 75 Silice........ 25	991	534	396896	Faibles.
Dynamite n° 3...	Nitrate de soude..... 70 Charbon.... 10 Nitroglycérine 20	740	370	273800	Considérables.

Les indications de ce tableau rendent assez bien compte des différences constatées par la pratique dans les propriétés et les effets des cinq substances qui y figurent. Le même mode d'analyse conviendrait à d'autres explosifs. Mais il convient de se mettre en garde contre les conclusions trop absolues qu'on pourrait être tenté de tirer de ces comparaisons. La nature des réactions chimiques et la quantité de chaleur qu'elles fournissent ne sont pas les seuls éléments à consulter pour se rendre compte de la valeur d'un composé au point de vue des effets de son explosion. Il y a des mélanges dont la composition semble devoir, par l'action chimique des éléments, promettre un dégagement de chaleur considérable, mais qui ne font pas explosion, du moins sous l'influence du feu, du choc ou de la détonation des amorces. Il en est d'autres qui produisent bien le nombre considérable de calories que le calcul indique, mais qui produisent cette chaleur trop lentement pour constituer des explosifs énergiques. Ces considérations et d'autres encore devraient être invoquées pour faire plus complétement l'étude théorique d'un explosif. Mais les recherches des savants sont encore peu avancées sur ces questions. Nous nous bornerons donc à cette simple mention et nous passerons maintenant à l'étude spéciale de la nitroglycérine et de la dynamite.

Composition de la nitroglycérine.

La nitroglycérine est le résultat de l'action de l'acide azotique sur la glycérine. Les divers chimistes lui donnent pour formule :

$$C^6H^23(AzO^6H)$$

ou :

$$C^6H^5O^33(AzO^5)$$

ou bien encore :

$$C^6H^5O^63(AzO^4)$$

Propriétés de la nitroglycérine.

PROPRIÉTÉS PHYSIQUES.

A l'état de pureté, la nitroglycérine est un liquide huileux, incolore, inodore, d'une saveur d'abord sucrée, puis brûlante. Sa densité est de 1k,600. Elle se dilate beaucoup lorsqu'on la chauffe. La nitroglycérine préparée avec de la glycérine ordinaire du commerce présente une teinte ambrée et une odeur éthérée.

La nitroglycérine ne s'évapore que fort peu au-dessous de 50°; vers 100° elle est légèrement volatile et souvent elle commence à se décomposer.

Elle se congèle à +8°, si cette température est maintenue pendant longtemps, et elle augmente sensiblement de volume. Pour la ramener à l'état liquide, il faut en général la chauffer à 8 ou 10 degrés d'une façon persistante.

PROPRIÉTÉS CHIMIQUES.

La nitroglycérine est très-peu soluble dans l'eau, soluble en toutes proportions au-dessus de 36° dans l'alcool méthylique ou esprit de bois anhydre, dans l'éther, dans la benzine, très-peu soluble à froid dans l'alcool, mais s'y dissolvant de plus en plus à mesure que la température s'élève.

ACTION DE LA CHALEUR.

D'après M. Champion, à l'air libre, la nitroglycérine chauffée lentement jusqu'à 193 degrés se décomposerait sans s'enflammer ni détoner; mais ce fait est contesté, et l'expérience ne doit être faite que sur de très-faibles quantités et avec les plus grandes précautions. La nitroglycérine chauffée brusquement à 180 degrés fait explosion.

Mise en contact avec un corps incandescent ou enflammé, elle ne fait pas explosion, mais s'enflamme quelquefois et se décompose tranquillement.

Enfermée dans un vase peu résistant, elle présente à peu près sous l'action de la chaleur les mêmes phénomènes, l'enveloppe se brisant d'ordinaire dès que la décomposition se prononce.

Mais, lorsqu'elle remplit un vase suffisamment solide, elle détone lorsque la température atteint 180 degrés. Si on la met en contact ainsi confinée avec un corps incandescent ou enflammé, l'explosion peut se produire, mais elle est incertaine.

Lorsque la nitroglycérine a éprouvé par l'action de la chaleur ou par tout autre moyen un commencement de décomposition locale ou une tendance à la décomposition, elle devient susceptible de faire explosion par l'effet d'un chauffage ou d'un choc qui n'auraient pas suffi autrement à en provoquer la détonation.

STABILITÉ.

La nitroglycérine pure est un produit stable qui se conserve plusieurs années, et sans doute indéfiniment, sans altération, à la température ordinaire et même à des températures assez élevées.

L'acide sulfurique concentré, l'acide azotique concentré, la soude en solution concentrée, l'attaquent même à froid et provoquent une décomposition progressive.

La nitroglycérine qui a conservé des traces d'acide n'est pas stable.

En général, la décomposition est extrêmement lente et tranquille. Il se dégage d'abord des vapeurs nitreuses, le liquide prend une couleur verdâtre; puis il se forme du protoxyde d'azote, de l'acide carbonique, des cristaux d'acide oxalique, et, quelques mois après, toute la masse se trouve transformée en une matière verdâtre, gélatineuse, composée d'acide oxalique, d'eau et d'ammoniaque.

Quelquefois, si la température est plus élevée, si, par exemple, la nitroglycérine est échauffée par le soleil, la décomposition est plus active. Très-rarement elle amène l'explosion.

Si l'on soumet une couche mince de nitroglycérine à un choc violent entre deux corps très-durs, comme par exemple une enclume et un marteau de fer, l'explosion se produit au point frappé, mais sans se communiquer au reste de la couche. On n'obtient pas d'ordinaire la détonation lorsqu'on précipite un vase de nitroglycérine sur des rochers d'une hauteur de 20 à 25 mètres.

ACTION DE L'ÉLECTRICITÉ.

D'après les faits actuellement connus, la nitroglycérine ne se décomposerait pas sous l'action de l'électricité. Ni les étincelles produites par la bouteille de Leyde, ni celles de la bobine d'induction, ni les courants d'électricité dynamique ne semblent en produire l'explosion.

EFFETS PHYSIOLOGIQUES.

La nitroglycérine est un poison.

Posée sur la langue, même en très-petite quantité, elle produit un afflux rapide au cerveau et un mal de tête violent qui persiste plusieurs heures. Des doses un peu plus fortes provoquent le vertige, une fatigue générale et de violentes nausées.

De très-fortes quantités peuvent amener la mort.

En contact avec la peau, elle n'amène pas ordinairement de désordres dans l'organisme. Il faut qu'elle soit absorbée par le sang pour que ses influences pernicieuses se manifestent.

Mais il en sera ainsi chaque fois que la peau présentera quelque lésion ou que par un autre motif quelconque elle permettra l'absorption du liquide vénéneux.

Les effets physiologiques de la nitroglycérine diminuent d'intensité avec le temps, à mesure que l'organisme s'y habitue.

Les ouvriers des fabriques de dynamite manipulent constamment l'huile explosive sans en ressentir d'inconvénient.

PRODUITS DE L'EXPLOSION.

L'explosion parfaite de la nitroglycérine est représentée, d'après M. Berthelot, par l'équation suivante :

$$C^6H^2 3 (Az O^6 H) = 6 CO^2 + 5 HO + 3 Az + O$$

l'azote et l'oxygène pouvant de plus former une certaine quantité de protoxyde ou de bioxyde d'azote.

En faisant détoner dans un eudiomètre une petite quantité de nitroglycérine sous l'influence de l'explosion d'un mélange tonnant d'oxygène et d'hydrogène, M. L'Hôte a trouvé des chiffres fort différents de ceux qui correspondent à cette formule, comme il a été dit ci-dessus.

Lorsque la nitroglycérine se décompose lentement ou lorsqu'elle brûle sans explosion, ou bien encore lorsqu'elle détone à l'air libre sous l'influence d'une détonation de force insuffisante, la combustion n'est pas parfaite : il se produit moins d'acide carbonique et d'eau ; l'oxyde de carbone, le bioxyde d'azote et l'acide hypoazotique prédominent.

L'action physiologique des gaz dégagés par l'explosion varie naturellement avec la nature de ces gaz et par suite avec le mode de décomposition. C'est ce qui explique les divergences d'opinions sur les effets que produit sur les ouvriers l'emploi de cette substance explosive : quelques auteurs avancent que les gaz dégagés sont délétères, que les ouvriers en ressentent de graves inconvénients et que la nitroglycérine ne doit être employée que dans des travaux très-bien aérés ; d'autres, au contraire, considèrent le même agent comme inoffensif, moins gênant pour les mineurs que la poudre ordinaire, et en recommandent l'usage dans les galeries peu ventilées. Les mêmes ouvriers qui se plaignent au début de maux de têtes et de nausées arrivent en général à préférer, sous le rapport des effets des coups de mine sur l'organisme, la nitroglycérine à la poudre, lorsque par une habitude suffisante ils sont arrivés à l'employer dans de bonnes conditions et à en produire à coup sûr l'explosion complète.

Mode d'emploi de la nitroglycérine.

M. A. Nobel a découvert le premier un moyen certain de provoquer l'explosion d'une masse de nitroglycérine, même à l'air libre. Ce moyen consiste à faire détoner, au contact ou dans le voisinage immédiat de la nitroglycérine, une capsule de fulminate de mercure.

Le métal de la capsule doit être assez épais et la charge de fulminate doit être au moins de $0^{gr},20$ à $0^{gr},25$.

L'efficacité de ce procédé repose sur ce fait, que la chaleur communiquée par le choc de cette détonation aux parties les plus voisines du liquide en produit l'explosion, et que la chaleur résultant de cette explosion initiale est assez forte et se transmet assez vite aux portions avoisinantes de la masse pour les décomposer à leur tour, ce qui produit en résumé l'explosion générale de la charge entière.

Quand la nitroglycérine est gelée, il faut une charge plus forte de fulminate pour produire l'explosion.

Le fulminate de mercure peut être remplacé par quelques autres substances fulminantes.

Une charge de quelques grammes de poudre vive enfermée dans une cartouche un peu résistante produit aussi l'explosion de la nitroglycérine.

Préparation de la nitroglycérine.

La nitroglycérine s'obtient par l'action de trois équivalents d'acide azotique sur un équivalent de glycérine. La réaction dégage six équivalents d'eau. Elle est représentée par l'équation suivante :

$$C^6H^8O^6 + 3(AzO^6H) = C^6H^2 3(AzO^6H) + 6HO.$$

On mêle à l'acide azotique de l'acide sulfurique concentré de façon à s'emparer de l'eau au fur et à mesure qu'elle se produit, afin de conserver à la glycérine et à l'acide azotique non encore combinés la concentration nécessaire à la réaction.

L'attaque de la glycérine par le mélange d'acide nitrique et d'acide sulfurique dégage beaucoup de chaleur, qu'il faut avoir soin d'enlever au fur et à mesure, afin d'éviter la décomposition de la nitroglycérine produite.

Le procédé de préparation de la nitroglycérine décrit par M. Kopp, dans les comptes rendus de 1866 de l'Académie des sciences, est la reproduction de cette méthode. Il a été appliqué pendant plusieurs années aux carrières de pierres de la Zorn (Bas-Rhin) et dans quelques autres exploitations de carrières. Ce procédé a été suivi à Paris pendant le siége et a fourni des résultats assez satisfaisants. Voici en quoi il consiste :

Dans un vase de grès entouré d'eau froide, on mélange une partie d'acide azotique fumant et deux parties d'acide sulfurique aussi concentré que possible. On évapore la glycérine du commerce, bien exempte de chaux et de plomb, jusqu'à 30 ou 31 degrés Baumé.

On met alors environ 3 kilogrammes du mélange acide dans un pot en grès refroidi par un courant d'eau, et on y ajoute lentement 500 grammes de glycérine. Cette addition doit être réglée de façon qu'un grand échauffement ne puisse jamais se produire. Il ne faut pas dépasser 30°.

Quand toute la glycérine est épuisée, on verse le mélange dans cinq à six fois son poids d'eau et on agite en tournant.

La nitroglycérine se dépose vite au fond du vase, et on la sépare par décantation. Elle subit un lavage à l'eau, et, bien qu'elle en sorte encore un peu acide, elle est prête à l'emploi immédiat sur place. Si elle doit être conservée, on la lave avec une lessive alcaline jusqu'à ce qu'elle ne conserve plus aucune trace d'acide.

M. Champion a essayé et proposé plusieurs moyens de préparer la nitroglycérine dans le laboratoire. Ce chimiste a cherché à déterminer les proportions de glycérine que l'on doit employer. Pour cela, il introduisit goutte à goutte la glycérine dans un poids connu du mélange d'une partie d'acide azotique fumant et de deux parties d'acide sulfurique à 66°. Cette addition se faisait assez lentement pour que la température ne dépassât pas 30 degrés. Lorsque le thermomètre n'indiqua plus d'échauffement, l'opération fut arrêtée. Après quelques instants de repos, la nitroglycérine surnageant fut décantée soigneusement, et une nouvelle quantité de glycérine fut ajoutée au mélange. Cette addition fut sans résultat. Connaissant le poids total de glycérine et celui qui resta après l'opération, il fut facile de connaître par différence la quantité de glycérine qui s'était transformée en produit nitré en présence du poids de mélange acide employé.

M. Champion a conclu de cette expérience les nombres suivants :

Glycérine à 31°	380 parties.
Acide azotique fumant à 50°	1000 —
Acide sulfurique à 66°	2000 —

Le rendement en nitroglycérine est de 760 parties, soit 200 pour 100 du poids de glycérine employée. Le rendement théorique serait de 246 pour 100.

M. Champion a été conduit par ses recherches à adopter le procédé suivant pour la préparation de la nitroglycérine :

« On verse dans un verre à expériences 100 grammes de mélange acide, puis on laisse couler lentement sur la paroi intérieure 16gr,6 de glycérine à 31°. La glycérine se répand à la surface du mélange acide, et on peut la laisser ainsi pendant plusieurs heures sans qu'il se produise aucune réaction. Celle-ci ne se manifeste qu'au moment où on agite brusquement le tout avec une baguette de verre. Cette agitation ne doit avoir qu'une durée de quelques secondes. On verse alors rapidement le contenu du verre dans un vase plein d'eau, et la nitroglycérine se précipite. Dans ces conditions, l'opération s'accomplit d'une manière si rapide, que la température n'a pas le temps de s'élever au point où commence la décomposition.

« Dans ce cas même, si l'agitation est suffisante et si toute la quantité de nitroglycérine a été transformée en produit nitré, l'action de la chaleur n'aurait pour résultat que de faire diminuer le rendement, en raison de l'attaque de la nitroglycérine par les acides libres.

« On peut encore verser brusquement la glycérine dans le mélange des acides, à la condition d'agiter immédiatement. »

Il a été encore proposé un certain nombre d'autres moyens pour préparer la nitroglycérine; mais le meilleur de tous, aux divers points de vue de la sécurité de la fabrication, de la pureté, de la stabilité et de la constance des produits, et aussi du rendement, reste encore, d'après tous les chimistes qui ont étudié cette question, le procédé de M. Nobel, qui est pratiqué depuis plusieurs années dans les fabriques de dynamite établies par l'inventeur dans presque tous les pays. Ce procédé n'a pas été livré à la publicité; on sait seulement qu'il permet d'obtenir en une seule opération, et presque sans danger, un millier de kilogrammes de nitroglycérine parfaitement neutre.

Historique.

INTRODUCTION DE LA NITROGLYCÉRINE DANS L'INDUSTRIE.

La nitroglycérine, découverte à Paris, en 1847, par A. Sobrero, resta sans application, malgré sa grande puissance, parce qu'on ne pouvait pas la faire détoner à coup sûr au moment voulu. Ce n'est que lorsque M. Nobel eût trouvé un moyen certain et facile d'en provoquer l'explosion que l'industrie put tirer parti de ce nouvel agent. Il commença à en fabriquer en Suède de grandes quantités.

La nitroglycérine fut accueillie aussitôt avec empressement par les mineurs de tous les pays; mais plusieurs catastrophes successives, dues à des explosions pendant le transport de ce liquide difficile à contenir, vinrent bientôt paralyser le développement de son emploi.

ACCIDENTS CAUSÉS PAR LA NITROGLYCÉRINE.

Ces catastrophes, qui ont été déjà souvent racontées, sont utiles à connaître pour prendre une idée nette des dangers de la nitroglycérine.

Voici la narration intéressante qu'en présente M. Roux, d'après les comptes rendus locaux :

« Un premier accident avait eu lieu au mois de novembre 1865, dans la rue Greenwich, à New-York, emportant la devanture de l'hôtel Nyoming et blessant plusieurs personnes. Les autorités locales prirent quelques mesures de sûreté et l'émotion se calma ; on ne connaissait pas encore l'huile explosive.

« L'année suivante, en avril 1866, un navire anglais, l'*European*, arrivait à Aspinwall avec 70 caisses de *glonoïn oil*. « Nous ne savons si cette substance est connue en Europe, dit le journaliste, mais aucun chimiste américain ne la connaît. Les ouvriers se tenaient sur le quai, prêts à opérer le déchargement des marchandises, quand une explosion formidable fit voler le navire en éclats. Une colonne de feu s'éleva à une très-grande hauteur, entraînant vingt à trente hommes, des enfants, des balles de marchandises, les débris du pont du navire; toutes ces masses d'hommes et de choses, lancées dans toutes les directions, retombant pêle-mêle au milieu des flammes, formaient, au dire des témoins, le plus terrible spectacle qu'on pût voir. Aussitôt après l'explosion, on vit la grande toiture en fer de l'entrepôt des marchandises du chemin de fer se soulever au-dessus de ses points d'appui et s'affaisser en écrasant dans sa chute hommes et marchandises. Le long débarcadère en bois près duquel était amarré le navire fut presque entièrement détruit. Ce désastre occasionna la mort d'une soixantaine de personnes et la destruction de propriétés pour une valeur de 750,000 à un million de dollars. »

« Peu de jours après, le 16 avril, deux caisses de la même substance font explosion dans une rue, à San-Francisco : une vingtaine de personnes sont tuées, les dégâts sont énormes. Les paroles manquent, dit le narrateur, pour exprimer la stupeur qu'a produite cette catastrophe dont la principale rue de la ville a été le théâtre.

« A la suite de ces accidents, le Sénat et la Chambre des représentants votèrent un bill prohibant le transport de la nitroglycérine sur les bateaux à vapeur, voitures, vaisseaux ou wagons recevant des voyageurs, dans la juridiction des États-Unis, sous peine d'une amende de 5000 dollars. En cas de mort par suite d'explosion de nitroglycérine, toute personne convaincue d'avoir pris part au transport de cette substance était présumée coupable de meurtre, et condamnée à un emprisonnement dont la durée devait être au moins de dix ans.

« Des prescriptions aussi rigoureuses ne refroidirent que momentanément le zèle des promoteurs de l'huile explosive. Le 22 juin 1870, une nouvelle explosion eut lieu à Worcester, en gare du chemin de fer. Une seule personne fut tuée; une trentaine furent blessées.

« En Europe, la plupart des gouvernements durent prendre des mesures semblables à la suite d'accidents qui, pour n'avoir pas eu la gravité de ceux du nouveau monde, n'en produisirent pas moins une certaine émotion.

« En Belgique, le transport et l'emploi de la nitroglycérine sont interdits, en 1868, après une explosion à Quenast.

« En juin et juillet 1868, deux explosions ont lieu en Suède, dans les ateliers de M. Nobel : le transport de cette substance est prohibé sous peine d'amende.

« Le gouvernement anglais interdit l'usage de la nitroglycérine à la suite de l'accident de Carnavon. »

INVENTION DE LA DYNAMITE.

La nitroglycérine était donc proscrite dans presque tous les pays. D'ailleurs, la principale fabrique établie à Hambourg, par M. Nobel, avait déclaré publiquement, dès avant ces prohibitions, qu'elle ne livrerait plus au commerce de nitroglycérine pure. C'en était donc fait de cette précieuse conquête de la science, si, par un travail opiniâtre, M. Nobel n'avait su trouver enfin le moyen de retirer à la nitroglycérine ses propriétés dangereuses tout en lui conservant sa puissance considérable.

Dès 1863, M. Nobel trouvait la solution de cet important problème; mais il fallut quelques années pour que les mineurs adoptassent sa poudre de sûreté sous le nom de *dynamite*. La nitroglycérine, enfin domptée, était désormais au service de l'industrie.

L'idée première est simple et ingénieuse : retirer à la nitroglycérine sa liquidité, qui est la principale cause du danger qu'elle présente; la transformer en une matière pâteuse pouvant s'envelopper dans du papier, s'emballer en caisses, se transporter sans fuir, être heurtée sans qu'aussitôt le choc se communique à travers toute la masse, comme cela a lieu dans les liquides. Il a suffi pour cela de faire absorber l'huile explosive dans du charbon, de la silice, de la craie ou toute autre matière pulvérulente ou poreuse capable d'en retenir une forte proportion.

Un flacon de nitroglycérine qui tombe à terre peut, dans certains cas, amener une explosion formidable. La dynamite, au contraire, peut être écrasée, frappée, projetée de grandes hauteurs sans faire explosion.

ABANDON DE LA NITROGLYCÉRINE.

Depuis que les qualités de la dynamite sont connues et appréciées, l'emploi de la nitroglycérine est à peu près réduit à quelques exploitations où on la prépare sur place pour un emploi immédiat. Encore le danger subsiste-t-il dans ce cas, après même que la substance a été remise entre les mains du mineur qui doit l'employer. Les trous de mine, en effet, ne sont pas généralement étanches, et le liquide explosif peut s'infiltrer par des crevasses à travers la roche et parvenir ainsi à une assez grande distance. Ces parties de nitroglycérine échappent à l'explosion ; et, lorsque l'ouvrier fore un autre trou de mine, après avoir fait partir le premier, son outil peut fort bien rencontrer ces crevasses imbibées d'huile explosive et en provoquer la détonation. On est donc arrivé à ne plus employer que dans des cas exceptionnels la nitroglycérine pure.

Pour les motifs qui viennent d'être indiqués, nous ne pousserons pas plus loin l'étude de la nitroglycérine, dont nous n'avons exposé les propriétés et la préparation que parce qu'elle forme le principal élément de la dynamite, dont nous allons maintenant nous occuper.

Composition de la dynamite.

La dynamite est de la nitroglycérine absorbée dans une substance poreuse.

M. Nobel emploie de préférence, comme matière absorbante, une variété de silice poreuse qui s'extrait à Oberlohe, près d'Unterlass (Hanovre), et qui est connue sous le nom de *Kieselguhr*. Cette silice est blanche et se réduit facilement sous la pression des doigts en une poudre farineuse. Elle est constituée comme le tripoli par l'enveloppe d'une variété d'algues, les diatomées, et composée par suite d'une quantité innombrable de petites cellules très-solides. Cette silice a un pouvoir absorbant énorme ; ses cellules offrent une très-grande résistance aux chocs et à la pression et retiennent très-bien l'huile explosive.

L'absorption de la nitroglycérine dans les grains de silice place le liquide dans les interstices d'une matière poreuse, susceptible de mobilité et ne transmettant pas les chocs même les plus violents. Les petits canaux de cette silice forment de petits réservoirs d'huile explosive, dans lesquels le liquide est maintenu par l'action de la capillarité. Des chocs violents appliqués à une masse de dynamite produisent une compression des molécules, leur déplacement, peut-être même l'écrasement partiel de quelques vaisseaux infiniments petits; mais les particules de la masse de nitroglycérine elle-même ne reçoivent pas le choc nécessaire à leur explosion. Telle est l'explication donnée par M. J. Trauzl du rôle important de la silice.

Sur le même sujet, M. F. A. Abel s'exprimait ainsi devant la Société des Ingénieurs civils de Londres, le 14 mai 1872 :

« M. Nobel, dans le cours de ses efforts persévérants pour combattre ou tout au moins réduire les dangers que présente l'emploi de la nitroglycérine, fit l'observation très-importante que l'aptitude à faire explosion sous l'influence d'une détonation n'est pas diminuée, mais au contraire favorisée en quelque mesure par le mélange du liquide avec des substances solides, absolument inertes par elles-mêmes. Cette découverte amena aussitôt la production par Nobel de préparations solides ou tout au moins pâteuses, à base de nitroglycérine, qui, sous le nom de dynamite, furent pour la première fois présentées au public en 1867, et dont la plus parfaite constitue, telle qu'elle se fabrique actuellement, un des agents explosifs les plus sûrs, les plus puissants et les plus convenables pour l'emploi industriel.

« L'absorption de la nitroglycérine par des solides poreux, dans un grand état de division, rend cette substance susceptible d'être manipulée, comme tout autre explosif solide, avec l'avantage additionnel de la plasticité; et, si une telle substance est préparée d'après le système maintenant appliqué par Nobel, elle paraît échapper complétement, ou bien peu s'en faut, à toutes les objections faites à la nitroglycérine en raison de son état liquide. Il est vrai qu'en mélangeant la nitroglycérine avec des corps non explosifs ou même avec des matières explosives, mais moins puissantes qu'elle-même, on diminue la force disponible dans un poids donné du produit; mais la force de la nitroglycérine pure est tellement supérieure à celle de la poudre, qu'elle peut supporter une très-grande dilution sans être sensiblement atteinte dans la haute position qu'elle occupe parmi les explosifs puissants.

« La forme sous laquelle la dynamite fut d'abord offerte à la consommation était celle d'une matière pulvérulente, douce, facile à mouler, d'une couleur rose ou chamois, qui était formée d'environ 75 parties de nitroglycérine retenue absorbée par 25 parties d'une terre siliceuse poreuse, provenant d'infusoires, connue en Allemagne sous le nom de Kieselguhr. L'apparence humide de cette poudre donnait la pensée que la nitroglycérine pourrait en exsuder ou se rassembler à la base des paquets pendant le transport ou par un magasinage prolongé. La dynamite ainsi fournie était mise en cartouches par les mineurs, opération qui n'était pas sans inconvénient par suite de l'absorption de la nitroglycérine par les mains et de ses effets désagréables sur l'économie.

« Mais, depuis quelque temps, la dynamite a été livrée au commerce sous la forme de petites cartouches cylindriques, dans lesquelles la substance à l'état compacte est enfermée dans une simple enveloppe de papier parchemin. Ces cartouches sont consolidées par la pression, de sorte que tout excès de nitroglycérine que la silice poreuse ne pourrait retenir absorbé est expulsé ; ce qui semble éviter l'inconvénient de l'exsudation de l'huile explosive pendant la manipulation ou le transport, ou par l'exposition de la dynamite à une température élevée. La consistance des charges de dynamite ressemble à celle de la potée d'étain sèche, et les doigts sont à peine mouillés de nitroglycérine lorsqu'on manie les charges retirées de leur enveloppe.

« La kieselguhr, choisie comme véhicule de la nitroglycérine, paraît la substance la mieux appropriée pour tenir absorbée une grande quantité du liquide et pour le garder, même quand la mixture est soumise à une pression considérable. Quand on a établi des fabriques de dynamite dans les faubourgs de Paris pendant le siége, comme on ne pouvait se procurer cette variété particulière de terre siliceuse, on se livra à une série d'essais pour lui découvrir un succédané convenable : on trouva que les absorbants les plus avantageux après la kieselguhr étaient la silice précipitée, le kaolin, le tripoli, l'alumine précipitée et le sucre. On employa aussi pour la production de la dynamite, pendant le siége de Paris, la cendre alumineuse du Boghead ; mais aucune de ces substances ne parut valoir la silice d'Oberlohe au point de vue de la capacité à retenir une forte proportion d'huile explosive.

« En fait, on n'a présenté jusqu'ici aucune préparation de nitroglycérine contenant avec une égale sûreté une aussi forte porportion de nitroglycérine que celle qui est connue sous le nom de dynamite n° 1 de Nobel. »

Telles sont les opinions de deux hommes éminemment compétents sur la façon dont les propriétés de la nitroglycérine sont modifiées par son absorption dans un corps poreux, sur l'importance que présente le choix de la matière absorbante et sur les qualités remarquables qui ont fait préférer la kieselguhr aux autres absorbants.

Nous rapprocherons de ces opinions autorisées la doctrine bien différente qui se trouve exposée dans un ouvrage semi-officiel sur la dynamite :

« M. Nobel fait usage dans la préparation de la dynamite d'une matière pulvérulente et poreuse, nommée en allemand kieselguhr, ou farine siliceuse ; elle provient d'une variété de coquillages extraits à Oberlohe, dans le Hanovre. Ce n'est, du reste, qu'un moyen de déjouer la contrefaçon, car on peut employer tout aussi avantageusement d'autres substances siliceuses. Pendant le siége de Paris on a fait, avec assez de succès, de la dynamite avec le coke de Boghead, produit dans la fabrication du gaz portatif. Cette matière est un silicate d'aluminium presque pur, mais elle est relativement assez chère; on peut employer avec plus d'économie de la brique pilée, des laitiers de forge et certaines terres calcinées, riches en silice et en alumine.

« ... Mais il ne serait pas exact de dire que la force de la dynamite est proportionnelle à la quantité de nitroglycérine. La nature de la matière inerte exerce une influence capitale. Nous avons vu des dynamites ne contenant que 30 pour 100 d'huile explosive, avoir autant de force que d'autres qui en contenaient 75 pour 100, et plus de force que des mélanges à 50 pour 100. Tout paraît dépendre de la manière dont l'absorption s'est produite. »

Préparation de la dynamite.

L'absorption de la nitroglycérine dans la silice s'effectue aisément. Il suffit de verser sur la silice bien sèche la dose voulue d'huile explosible et de brasser le mélange à la main ou avec une palette en bois. On s'attache à rendre le mélange aussi homogène que possible, et à saturer la silice sans dépasser sa capacité absorbante.

Propriétés de la dynamite.

PROPRIÉTÉS PHYSIQUES.

La densité de la dynamite formée de 75 pour 100 de nitroglycérine et de 25 pour 100 de kieselguhr varie de $1^k,58$ à $1^k,64$. C'est une masse à grains fins, pâteuse et grasse, de couleur ordinairement gris-brun, mais qui varie avec la couleur de la silice.

PROPRIÉTÉS CHIMIQUES.

La dynamite se comporte vis-à-vis des liquides et des dissolvants de la même manière que la nitroglycérine; mais elle ne peut rester longtemps dans l'eau, sans que la nitroglycérine s'en sépare et soit remplacée par de l'eau.

ACTION DE LA CHALEUR.

L'action de la chaleur sur la dynamite est la même que sur la nitroglycérine. Celle-ci brûle tranquillement sur un feu découvert. Il n'y a aucun danger à mettre le feu à une cartouche de dynamite que l'on tient dans la main. Cette expérience frappante a été cent fois reproduite.

Un petit baril en bois cerclé de fer ou une caisse en bois avec couvercle de bois vissé, contenant quelques kilogrammes de dynamite, peut être placé sur le feu sans qu'il se produise d'explosion ; l'enveloppe s'ouvrira sous la pression des gaz, et le contenu brûlera avec une flamme claire.

Voici une expérience faite à Vincennes pendant le siége de Paris :

Auprès d'une mare d'eau on a fait une traînée de 100 grammes environ de dynamite à 65 pour 100, une des extrémités de la traînée plongeait dans l'eau de la mare.

Avec un cigare tenu à la main, on a mis le feu à celle des extrémités de la traînée qui était à sec, et on a constaté que la dynamite brûlait d'une façon relativement lente, sans flamme et sans explosion, et de plus que la partie de la poudre qui était dans l'eau brûlait complétement et exactement de la même façon que celle qui était hors de l'eau.

On fit ensuite au même endroit une seconde traînée de dynamite plongeant aussi en partie dans l'eau de la mare. Le feu fut mis avec une allumette. La dynamite brûla sans détoner ; la flamme, qui s'élevait à $0^{m},50$ de hauteur, n'incommoda en rien les assistants qui restèrent près du foyer. La partie de la dynamite recouverte par l'eau se consuma comme celle placée à terre.

On peut introduire dans une masse de dynamite une mèche de mine sans capsule et allumer la mèche sans produire d'explosion. La dynamite pourra ne pas s'enflammer. Si l'inflammation a lieu, la combustion s'effectuera tranquillement.

M. Roux a placé au milieu d'une masse de dynamite enfermée dans une cartouche une charge de poudre fine ; le feu étant mis à la charge, la dynamite est projetée de toutes parts par l'explosion de la poudre, mais elle n'est pas enflammée.

Peut-être l'expérience aurait-elle donné un tout autre résultat si la déflagration de la poudre avait été provoquée par une capsule fulminante.

Ainsi le feu dans les conditions ordinaires n'amène pas l'explosion de la dynamite. Il peut en être tout autrement lorsque la dynamite est emmagasinée en grande quantité. Dans ce cas, l'intérieur de la masse peut s'échauffer à la température d'explosion de 180° avant que les parties extérieures soient entièrement consumées, ce qui constitue un confinement relatif et permet l'établissement d'une pression élevée.

Les comités institués par le gouvernement anglais pour l'étude des matières explosives ont élucidé cette question dans des expériences récentes faites sur une grande échelle. 304 kilogrammes de dynamite à 75 pour 100, contenus dans 12 solides caisses en bois, furent placés sur des tables dans une construction en bois légère ($2^{m},55$ de côté, sur

1^{m},95 de haut). Un tas de matières inflammables fut placé entre les tables. Il fut assez difficile de déterminer avec précision combien de temps après la mise en feu la dynamite commença à brûler, parce que le changement d'aspect de la flamme, vue à distance, était moins caractéristique ou moins soudain que dans des expériences semblables faites précédemment sur des magasins de poudre-coton.

Cependant, l'activité rapidement croissante de la flamme, environ cinq minutes après l'allumage, montra que la nitroglycérine brûlait ; et, après un laps de temps de dix minutes, une violente explosion se produisit, des fragments de la construction de bois furent lancés à de grandes distances et un vaste cratère fut creusé dans le sol.

Les expériences des comités anglais ont permis de conclure qu'à quantité égale d'explosif renfermé dans des caisses, une différence dans la résistance de l'emballage produit une importante différence dans les effets de l'incendie. Plus les caisses sont légères, plus facilement elles s'ouvrent sous l'action de la pression intérieure, de sorte que, lorsqu'une partie du contenu d'une boîte est amenée à la température d'inflammation, la pression développée par la combustion ne rencontre pas une résistance suffisante en grandeur et en durée pour amener l'explosion. Il va sans dire que cette sécurité relative que donne la légèreté des emballages dépend de la quantité d'explosif. Ainsi, sur deux magasins semblables renfermant l'un et l'autre 304 kilogrammes de coton-poudre, l'un en caisses légères, l'autre en caisses solides, le premier a pu brûler en entier sans explosion pendant 48 minutes, tandis que l'autre a sauté 8 minutes après la mise en feu. Et cependant il ne faudrait pas admettre que l'emballage léger assurât la même immunité à une masse plus considérable de coton-poudre, car la quantité peut devenir assez grande pour que les parties extérieures d'un fort tas de disques de coton-poudre ou de cartouches de dynamite produisent à elles seules un confinement susceptible d'amener l'explosion.

La dynamite, chauffée à 180° dans un vase fermé et résistant, fait explosion.

Voici sur ce sujet de l'action de la chaleur les expériences de MM. Bolley, Kundt et Pestalozzi :

« On pouvait craindre que la chaleur n'amenât l'exsudation de la nitroglycérine hors du corps absorbant. Nous plaçâmes 4 grammes de dynamite dans un entonnoir en verre et nous les exposâmes pendant une heure à l'action de la vapeur d'eau, sans constater aucune modification. Par contre, nous pûmes établir les conditions dans lesquelles la dynamite, exposée à une élévation de température considérable, peut faire explosion. On plaça une cartouche de dynamite dans un étui de fer-blanc ouvert à une extrémité. Jetée dans le feu, cette dynamite brûla sans amener explosion. Après avoir mis de la dynamite dans le même tube, on le ferma avec un bouchon métallique à vis et on le plaça de nouveau dans un feu ardent. Après quelques minutes on eut une forte explosion et les charbons furent dispersés de tous les côtés. En remplaçant la vis métallique par un bouchon ordinaire et dans les mêmes circonstances, on provoqua une explosion moins considérable que la précédente.

« De ces expériences on peut conclure que la dynamite à nu ou sous une enveloppe présentant une faible résistance ne peut faire explosion sous l'action du feu le plus intense, et qu'au contraire, dans les mêmes circonstances, elle peut produire une explosion considérable, lorsqu'elle est renfermée dans une enveloppe de quelque résistance. »

Il convient de remarquer aussi la différence dans l'intensité de l'explosion, c'est-à-dire dans le mode de décomposition qui correspond à une différence dans la résistance de l'enveloppe.

ACTION DU FROID.

La dynamite exposée pendant quelque temps à une température inférieure à 8 degrés au-dessus de zéro perd sa plasticité et se congèle. La dynamite gelée est moins facile à enflammer et à faire détoner que la dynamite molle. Elle fait cependant explosion, soit sous l'action d'une capsule de fulminate contenant une charge d'environ 1 gramme, soit par la détonation d'une cartouche de dynamite molle.

La dynamite gelée est ramenée à l'état mou en la chauffant pendant longtemps à une température modérée. Elle reprend ainsi ses propriétés primitives.

ACTION DE LA LUMIÈRE.

L'action de la lumière sur la dynamite est nulle. Les rayons solaires n'ont d'autre effet sur cet explosif que ceux que produit la chaleur dont ils sont accompagnés.

ACTION DES CHOCS.

Les chocs et les coups comme il peut s'en produire dans les transports par la chute des colis, par le tamponnement des wagons, etc., paraissent ne faire aucun effet sur la dynamite. Dans un grand nombre d'expériences, on a précipité de 10 et même 25 mètres sur des rochers, des vases de tôle, de verre et de bois remplis de dynamite, sans produire d'explosion; on a écrasé des cartouches de dynamite sous le choc de pierres pesant environ 100 kilogrammes, tombant de 30 mètres de hauteur, sans obtenir autre chose que l'éparpillement de la substance.

L'explosion de la dynamite a lieu sous l'action d'un choc d'une intensité suffisante pour que la masse environnant le siége de la percussion ne soit pas projetée, et que la puissance vive du choc se transforme immédiatement en la quantité de chaleur nécessaire pour provoquer l'explosion.

MM. Bolley, Kundt et Pestalozzi ont fait sur l'action des chocs sur la dynamite quelques essais intéressants, dont voici le compte rendu :

« On fit des étuis en cuivre longs de 50 millimètres et d'un diamètre de 11 millimètres. On y comprima de 3 à 3 1/2 grammes de dynamite ; on les ferma au moyen d'une vis de cuivre. Pour soumettre ces cartouches à un choc énergique, on imagina de les lancer au moyen d'un fusil à vent contre une roche verticale dans la carrière de Danikon. Le fusil à vent était solidement fixé à un bloc; on lâchait la détente au moyen d'une ficelle. Le projectile avait à parcourir 13^m,2. La vitesse dont il était animé au milieu de sa course atteignait 40 mètres. On l'a constaté à Zurich avec un chronoscope de Happs.

« On fit successivement cinq expériences :

« 1) Une cartouche à enveloppe épaisse fut lancée contre le roc. Pas d'explosion. La cartouche était déformée par le choc.

« 2) Une autre cartouche à enveloppe épaisse, remplie de dynamite, contenant en plus une capsule de Nobel, fit explosion en atteignant le rocher.

« 3) On tira une cartouche à enveloppe mince. Elle fit explosion en touchant le rocher.

« 4) Même expérience de nouveau, même résultat.

« 5) Une cartouche à enveloppe épaisse manqua deux fois le rocher et alla frapper chaque fois dans un tas de décombres qui se trouvait à côté; au troisième coup, la roche fut atteinte, il n'y eut pas d'explosion.

« L'expérience n° 2 devait nécessairement amener une explosion : nous n'avons donc pas à en tirer de conclusions. Des autres il résulte que la dynamite, fortement comprimée dans une enveloppe résistante, peut faire explosion sous un choc suffisamment énergique. Les cartouches à enveloppes minces, moins lourdes, étant par suite animées d'une plus grande vitesse que les autres, produisaient un choc plus énergique en rencontrant le rocher, ce qui explique leur explosion. »

Il convient peut-être d'ajouter que dans la cartouche mince la dynamite subissait une plus forte partie du choc que dans la cartouche épaisse.

Les mêmes expérimentateurs ont fait détoner 8 grammes de dynamite placés sur une plaque de fonte en faisant tomber dessus d'une hauteur de 1 mètre un bloc de fer pesant 550 kilogrammes. Ils employèrent aussi un mouton de fonte tombant de diverses hauteurs et firent varier la nature des corps sur lesquels était placée la dynamite. Ils essayèrent ainsi successivement la fonte, le grès, le bois. Voici les conclusions de cette série d'expériences :

« Un choc peut amener l'explosion de la dynamite à l'état libre, quand il a lieu entre deux corps très-durs, comme le fer, pourvu qu'il ne soit pas trop faible. Le choc du fer sur la pierre ne peut produire ce même résultat que dans de très-rares circonstances, et il est presque impossible de l'obtenir lorsqu'on remplace la pierre par le bois.

« En plaçant une petite quantité de dynamite de la grosseur d'un pois sur une enclume, et en frappant dessus avec un marteau, on produit une explosion. En remplaçant l'enclume par une pierre ou un bloc en bois, il n'est plus possible d'obtenir ce résultat, même en augmentant notablement la quantité de dynamite et en remplaçant le coup de marteau par une pression énergique. »

Dans des expériences faites en Suède, en 1868, par une commission spéciale française, et rapportées par M. le capitaine Fritsch, on a attaché des cartouches de dynamite sur les rails d'un chemin de fer sur lesquels on a fait passer les roues d'un wagon à marchandises. Les cartouches ont été aplaties, la poudre a laissé des traces d'huile sur les rails, mais il n'y a pas eu d'explosion. D'après M. Fritsch, on ne doit pas conclure de là qu'il ne s'en produira jamais dans des circonstances identiques. Dans une expérience où la vitesse du wagon était de 43 kilomètres à l'heure, on a entendu une suite continue de petites explosions.

Une balle de fusil ou de carabine, tirée sur un sac de dynamite, peut en produire l'explosion.

A Vincennes, le 7 décembre 1870, une balle de chassepot tirée à 25 mètres sur un sac de toile contenant 500 grammes de dynamite à 65 pour 100 de nitroglycérine, appliqué contre un épaulement en terre, a suffi pour en amener l'explosion. Le même effet a été obtenu sur un sac contenant 2 kilogrammes. Deux sacs en toile contenant, l'un 2 kilogrammes de dynamite, l'autre 2 kilogrammes de poudre de mine, appliqués contre un mur, ont fait explosion l'un et l'autre sous le choc d'une balle de chassepot lancée à 65 mètres.

A Vincennes aussi, M. le commandant du génie Lefèvre a constaté que la balle du chassepot, à petite distance, ne produit pas l'explosion de la dynamite, même à 65 pour 100, lorsque celle-ci est contenue dans un bidon en zinc protégé par une mince planchette de bois. Le même essai fut fait à Fontenay sur un bidon en zinc, contenant 2 kilogrammes de dynamite, appliqué contre un mur et protégé par une planchette de 18 millimètres d'épaisseur. La dynamite n'éclata pas sous l'action d'une balle de chassepot tirée à 65 mètres, et qui traversa la planche et le bidon.

Dans les expériences faites par le Comité technique autrichien, dans la plaine de Simmering, le 27 avril 1870, 560 grammes de dynamite contenus dans une boîte en fer-blanc firent explosion sous le choc d'une balle de fusil Werndl, tirée à soixante pas.

M. Fritsch rapporte encore une série d'expériences faites en Autriche, en juillet 1871, pour étudier la façon dont se comporte la dynamite frappée par des projectiles, et rechercher quelle est l'influence exercée dans ce cas par la nature du vase qui la renferme. En tirant à soixante pas avec un fusil Werndl, on a constaté que le projectile qui frappe la dynamite produit immédiatement son explosion; et cela, qu'elle soit renfermée dans du papier, de la toile, du molleton, du fer-blanc recouvert ou non recouvert de drap, du bois blanc ou dur de 13 millimètres d'épaisseur. Dans toutes ces expériences, l'enveloppe avait la forme d'un cube de 0m,073 de côté et contenait 560 grammes de dynamite.

Dans les voitures du génie autrichien, la dynamite est transportée dans des tubes de fer-blanc, lesquels sont rangés dans un des compartiments de la voiture. On plaça un de ces tubes contenant 560 grammes dans une caisse en bois de même forme et de même épaisseur que le compartiment en question, et l'on reconnut que le premier projectile qui frappa à hauteur convenable produisit instantanément l'explosion de la dynamite.

Nous terminerons ce qui se rapporte à l'action des projectiles sur la dynamite par la citation d'une curieuse série d'expériences faites par M. Abel sur le coton-poudre comprimé. Les conclusions de ces essais semblent pouvoir s'appliquer à la dynamite.

« Le mode suivant lequel la résistance au mouvement favorise la décomposition chimique ou l'explosion des parties d'une masse compacte de coton-poudre soumise à un choc, comme celui d'une balle, a été démontré d'une façon concluante par une série d'expériences faites avec des disques de coton-poudre comprimé de même densité et de même diamètre, mais différant en épaisseur et par suite en poids. Ces disques étaient librement suspendus à l'aide d'un cordon entourant leur circonférence. On tirait sur ces disques, avec un fusil Martini-Henry, à la distance de 91 mètres, avec des balles en plomb durci.

« Des disques du poids de 112 et de 224 grammes furent traversés par la balle à plusieurs reprises, sans qu'aucune partie de la matière fût même enflammée. Des disques pesant 336 grammes furent enflammés par le choc de la balle, mais ne détonèrent pas, tandis que des disques de 448 grammes, dans les mêmes conditions, firent explosion, des parties de coton-poudre étant dans quelques cas dispersées en flammes.

« La résistance opposée à la course de la balle, même par le disque de 224 grammes, n'était pas assez grande pour amener dans le mouvement du projectile, pendant sa pénétration à travers la masse, une diminution de vitesse pouvant développer une chaleur suffisante pour l'inflammation du disque. Avec le disque de 336 grammes, la résistance au mouvement de la balle était capable de développer la chaleur nécessaire à l'ignition, tandis que le disque de 448 grammes résistait à la pénétration du projectile avec une force suffisante pour qu'une partie de la puissance vive du choc se concentrât au moment du choc dans les parties atteintes, ce qui les transformait aussitôt en gaz ou les faisait détoner. »

La dynamite gelée est moins sensible au choc que la dynamite molle. Il est vrai que sa compacité, en facilitant la transmission à la partie directement frappée de la chaleur ou de la puissance vive du choc, favorise en quelque mesure l'explosion; mais, comme l'échauffement nécessaire ne peut avoir lieu qu'après la communication d'une quantité de chaleur suffisante pour liquéfier la nitroglycérine, il faut en définitive plus de chaleur ou un choc plus intense pour provoquer l'explosion.

Un certain nombre d'expériences ont été faites en Suède, en Russie, en Autriche et en France, sur l'emploi de la dynamite pour le chargement des projectiles creux. Les résultats de ces essais ne sont pas encore concluants. Il est arrivé quelquefois que les obus éclataient dans l'âme du canon et d'autres fois qu'ils pouvaient être lancés sans éclater. Assez souvent les projectiles éclataient contre le but, et particulièrement contre les blindages, par le simple choc et sans qu'on eût employé aucune amorce fulminante.

ACTION DE L'ÉLECTRICITÉ.

Pour rechercher l'action de l'électricité sur la dynamite, MM. Bolley, Kundt et Pestalozzi en ont rempli un tube de verre de 60 centimètres de long sur 18 millimètres de diamètre. Ils ont fermé ce tube aux deux bouts avec des bouchons à travers lesquels passaient des conducteurs électriques. Sous la décharge d'une forte bouteille de Leyde, aucune explosion ne se produisit. En répétant cette expérience, on eut le même résultat négatif. On remplaça alors la bouteille de Leyde par un appareil d'induction, et quelques instants après un des bouchons fut lancé hors du tube avec une faible détonation : un peu de la dynamite était brûlé; le tube ne fut pas cassé. Une seconde expérience produisit les mêmes résultats.

On peut en conclure que de puissantes étincelles électriques ne peuvent causer l'explosion de la dynamite, tandis qu'un courant continu produisant de la chaleur amène la combustion partielle de ce corps.

Les habiles expérimentateurs mirent ce fait en évidence de la manière suivante : ils relièrent les deux conducteurs par un fil très-mince et firent passer un courant. Le fil de fer mince se volatilisa en brûlant une partie de la dynamite et en produisant une petite explosion analogue à la précédente. Cette expérience, si on en faisait varier les conditions, pourrait bien ne pas toujours fournir un résultat aussi inoffensif.

Il semble donc supposable que la foudre n'amènerait pas l'explosion de la dynamite. Si cependant elle était renfermée dans des vases suffisamment résistants, les effets calorifiques de la foudre pourraient provoquer la détonation de la masse.

STABILITÉ.

La dynamite est au moins aussi stable que la nitroglycérine : aussi la dynamite pure peut être considérée comme parfaitement stable. La dynamite mal fabriquée, et qui renferme des traces d'acides, se décompose à la longue lentement et sans explosion. Des faits nombreux et considérables prouvent que la dynamite se conserve des années sans altération. Sur une production qui s'élève déjà à plusieurs millions de kilogrammes, qui a été expédiée par tous les modes de transports, aux plus grandes distances et dans les climats les plus extrêmes, on n'a jamais constaté d'accident ni pendant le transport ni pendant le magasinage le plus prolongé. On a pu exposer pour essai de la dynamite pendant tout un été à l'action directe des rayons du soleil et à celle de l'air; on a soumis des échantillons de cette poudre pendant 40 jours à une température de 60 à 70 degrés : on n'a observé aucune décomposition.

On a conclu de ces faits :

1° Que la décomposition spontanée de la nitroglycérine contenue dans la dynamite, si elle se produit, a lieu dans des conditions telles, qu'il est facile de prendre toutes les précautions nécessaires pour écarter toutes chances d'explosion de ce fait;

2° Que les cas de décomposition spontanée de la dynamite bien fabriquée sont si rares, qu'ils ne sauraient être pris en considération au point de vue de la perte industrielle de la matière.

EFFETS PHYSIOLOGIQUES.

Tout ce qui a été dit des propriétés physiologiques de la nitroglycérine s'applique naturellement à la dynamite. Mais l'état de poudre pâteuse sous lequel se présente la dynamite et la forme de cartouches sous laquelle elle est livrée à la consommation font disparaître à peu près complétement dans la pratique les inconvénients de la manipulation de la nitroglycérine.

Les effets sur l'organisme des gaz dégagés par l'explosion de la dynamite sont sensibles au début de l'emploi et disparaissent complétement par la suite, tant à cause de l'habitude que contractent les mineurs que parce qu'ils apprennent à déterminer plus sûrement l'explosion complète, condition nécessaire de la formation de gaz inoffensifs.

Emballage, transport et emmagasinage de la dynamite.

La dynamite est livrée en cartouches dont le diamètre est de 22 millimètres et dont la longueur est de 0m,08 à 0,09. Ces dimensions, qui peuvent être facilement changées, n'ont d'importance que lorsqu'on emploie la dynamite au chargement des trous de mines.

Le papier-parchemin de ces cartouches est à peu près imperméable à la nitroglycérine et résiste longtemps à l'eau, de sorte qu'on peut les employer sans soins spéciaux dans les terrains humides et aquifères, et même sous l'eau. Dans ce dernier cas cependant, il est préférable d'employer des cartouches étanches, qui empêchent, pendant un temps très-long, le délavage de la nitroglycérine par l'eau.

Les cartouches sont rangées dans des boîtes légères en bois de sapin, garnies à l'intérieur d'une couche de coaltar et d'une chemise de carton, de zinc mince ou de caoutchouc. Les intervalles sont remplis de sciure de bois. Le couvercle est vissé. Deux cordes forment poignées aux extrémités. Chaque caisse peut contenir de 15 à 20 kilogrammes de dynamite. Les chargements, les déchargements de ces caisses s'effectuent avec la plus grande facilité. Il en est de même du transport à main d'hommes.

Si l'on craint la gelée, on peut envelopper chaque caisse d'une seconde boîte contenant de la sciure de bois qui s'opposera au refroidissement.

Il n'y a pas lieu, pendant les transports et transbordements, de se préoccuper des chocs que pourront éprouver ces caisses; il faut seulement veiller à ce qu'elles soient à l'abri de la pluie et de l'incendie. Il ne faut jamais transporter dans le voisinage immédiat des caisses de dynamite ni capsules fulminantes ni matières explosives ou facilement inflammables. Enfin, on devra éviter de laisser séjourner trop longtemps les chargements au soleil, ou bien il conviendra de les protéger contre la chaleur par des paillassons ou des couvertures.

« Les divers gouvernements, dit M. Fritsch, ont reconnu d'ail-
« leurs que la dynamite n'est réellement pas dangereuse et qu'il n'est
« pas nécessaire de soumettre son transport à des précautions bien dif-
« férentes de celles réglementaires pour les poudres. »

M. Caillaux conclut de l'étude des faits recueillis que, « pour tout esprit non prévenu, le transport de la dynamite ne peut exposer à plus de danger que celui de la poudre ordinaire, du pétrole, des capsules, etc., » et on peut dire que la dynamite est aujourd'hui la seule substance explosive connue pour laquelle on n'ait pas eu d'accident à signaler, soit pendant le transport, soit pendant la conservation.

Il existe néanmoins encore dans quelques pays soit l'interdiction de transporter la dynamite par chemins de fer, soit des prescriptions fort rigoureuses pour ce transport. Cette prudence exagérée provient sans doute de la terreur qu'a inspirée autrefois la nitroglycérine. Elle tend à disparaître devant les preuves pratiques de la sécurité du transport de la dynamite. Les chemins de fer, les voitures et les navires à voile et à vapeur ont aujourd'hui transporté sans accident plus de six millions de kilogrammes de dynamite.

Les caisses emmagasinées doivent être protégées contre l'incendie, et contre la pluie et l'humidité. Les magasins doivent être protégés et surveillés comme ceux de la poudre ordinaire. Il faut s'abstenir de rester trop longtemps et inutilement dans les magasins : l'odeur de la nitroglycérine produit généralement des nausées. On vérifiera avec soin la neutralité des lots de dynamite à leur entrée dans le magasin et de temps en temps pendant leur conservation.

Cette vérification se fait à l'aide du papier de tournesol. Pour la faciliter et aussi pour empêcher toute pression de prendre naissance dans les caisses en cas de commencement de décomposition, on pourra tenir les caisses ouvertes dans le magasin. Mais avec de la dynamite bien fabriquée, cette précaution n'est pas indispensable.

Il ne faut jamais conserver ni capsules ni autres explosifs dans les magasins à dynamite.

Les magasins doivent être de construction légère, aussi isolés que possible et entourés de cavaliers assez épais et assez élevés pour atténuer les suites d'une explosion.

Modes d'emploi de la dynamite.

Nous emprunterons en grande partie les indications détaillées, relatives aux modes d'emploi de la dynamite, au récent ouvrage de M. P. Barbe sur les applications de la dynamite à l'art militaire. La compétence toute spéciale de l'auteur permet d'être sûr du succès en suivant ses conseils pratiques.

Pour produire l'explosion d'une cartouche de dynamite avec la mèche Bickford, on coiffe un bout de cette mèche d'une capsule en cuivre contenant un fulminate énergique ; on enfonce cette capsule dans la dynamite et l'on allume l'extrémité libre de la mèche. La combustion de la mèche produit la détonation de la capsule ; cette détonation produit l'explosion de la dynamite. Une cartouche munie de sa capsule et de sa mèche constitue une cartouche-amorce, dont on peut se servir pour produire l'explosion d'une masse quelconque de dynamite. La préparation de la cartouche-amorce réclame des soins tout particuliers.

Les mèches de sûreté ou mèches de Bickford sont de trois sortes : les mèches blanches, les mèches goudronnées et les mèches gutta-percha.

La mèche blanche se compose d'une âme en pulvérin recouverte d'une dizaine de fils de chanvre ou de jute légèrement tordus et formant une corde molle. Le pulvérin est fixé autour d'un fil. Une série de fils de chanvre ou de jute juxtaposés entoure en hélice cette cordelette ; une seconde série de fils s'enroule en sens inverse et forme l'enveloppe extérieure de la mèche.

Ces deux séries de fils sont encollées pour bien adhérer entre elles et sur l'âme. La mèche est ensuite passée dans du plâtre ou du talc, afin qu'elle ne colle pas.

Ce genre de mèche est le meilleur marché et suffit aux travaux ordinaires dans lesquels on recherche l'économie. Elle résiste mal à l'humidité et ne peut servir dans l'eau.

La mèche goudronnée est formée des mêmes éléments, mais les deux hélices de sept fils sont enduites de goudron végétal, de sorte que cette mèche convient déjà mieux aux travaux en terrains aquifères.

Enfin, dans la mèche en gutta-percha, les fils, non goudronnés et non encollés, sont recouverts d'une gaîne continue de gutta-percha. Ces mèches, d'un prix plus élevé, doivent être employées sous l'eau et même dans les travaux simplement humides, lorsqu'on veut éviter les ratés.

On trouve encore dans le commerce des mèches rubannées, dans lesquelles l'âme en chanvre formant le tube à pulvérin est entourée en hélice de deux rubans goudronnés, enroulés en sens inverse. Ces mèches sont plus solides et meilleures que les mèches ordinaires. Enfin, on fait aussi des mèches en gutta-percha à double gaîne, qui peuvent séjourner sous l'eau sans s'altérer pendant un temps fort long.

A l'exception de cette dernière variété, les mèches ont en général un diamètre de 5 millimètres. Elles sont enroulées en paquets de 10 mètres de longueur. Leur vitesse de combustion est moindre que 1 mètre par minute. Elle n'est pas absolument régulière et dépend, d'ailleurs, des conditions dans lesquelles on place la mèche.

On doit s'assurer, chaque fois qu'on entame un rouleau de mèche, qu'elle ne brûle pas avec une vitesse plus grande que la vitesse normale, ce qui pourrait causer des accidents dans l'emploi. On en coupe pour cela un bout d'une dizaine de centimètres et on le fait brûler.

Une solution de continuité dans le pulvérin, ou encore une goutte d'huile qui aurait imbibé celui-ci, peuvent rendre la mèche d'un usage dangereux. Le feu se communique en effet avec une très-grande lenteur, soit par les fils, soit par le pulvérin huilé, et l'ouvrier, croyant que le coup de mine ne partira pas, revient à son poste alors que la mèche continue à brûler.

Pour allumer les mèches de sûreté, on fait à l'extrémité une fente longitudinale dans le tube à pulvérin, ou bien on pratique près du bout une incision oblique qui traverse ce tube. On écarte les lèvres de la fente ou bien on plie la mèche à l'endroit de la coupure oblique, de façon à mettre à nu la poudre, et on donne le feu avec un cordeau porte-feu ou tout corps incandescent. En général, les mineurs se servent pour cela de leur lampe; mais la mèche hésite souvent quelques instants avant de prendre feu, parce que la flamme fond le goudron ou la gutta-percha, ce qui empâte le pulvérin.

Les mèches goudronnées ou revêtues de gutta-percha conduisent bien le feu à travers l'eau. On en allume l'extrémité au-dessus de la surface de l'eau, puis le dégagement des gaz de la poudre empêche l'eau de mouiller le pulvérin.

A l'air libre, les mèches lancent souvent des flammes, dont il faut garantir la dynamite : autrement elle pourrait s'allumer, et la capsule détonant dans une cendre inerte pourrait ne pas produire l'explosion de la dynamite non consumée.

Les capsules doivent être chargées de fulminate de mercure pur ou mélangé d'une faible proportion de chlorate de potasse pour en faciliter l'agglomération. La charge de fulminate nécessaire, dans les circonstances ordinaires, pour produire l'explosion de la dynamite, est de $0^{gr},2$ à $0^{gr},25$: c'est la même quantité que celle qui fait détoner la nitroglycérine.

On pourrait s'étonner que la dilution de l'huile explosive dans un volume considérable de matière inerte n'augmente pas la difficulté de l'explosion, tandis que la nitroglycérine dissoute dans un liquide, comme par exemple l'alcool méthylique, devient inexplosible dès que la proportion du liquide étranger s'élève à 15 pour 100 du poids de la nitroglycérine. Ce fait s'explique par cette considération que, dans la dynamite, l'huile explosive forme autour des grains de silice une sorte d'enrobage qui n'interrompt nulle part la continuité du liquide, de telle sorte que la capsule est en contact à peu près aussi intime avec la nitroglycérine que si celle-ci était seule. Il en est tout autrement dans le cas d'une dissolution.

Les capsules Nobel usuellement employées pour amorcer la dynamite sont des tubes emboutis, en cuivre rouge assez épais, ayant $5^{mm},5$ de diamètre extérieur, et dont la longueur varie de 10 à 25 millimètres. Il s'en fait principalement trois numéros : les capsules simples sont chargées de $0^{gr},20$ à $0^{gr},25$ de fulminate de mercure ; les doubles ont une charge de $0^{gr},40$ à peu près, et les triples contiennent $0^{gr},6$ à 0,7. Le fulminate est aggloméré par pression ; ou bien, s'il est pulvérulent, il est retenu par un peu de collodion ou par un tampon de coton-poudre. Il peut arriver quelquefois, avec cette variété de capsules, que le coton-poudre s'altère. Il convient donc d'en éprouver quelques-unes avant de s'en servir dans un travail important.

Dans les travaux ordinaires des mines et des carrières, la capsule simple suffit, et les mineurs en adoptent l'emploi dès qu'ils ont acquis une pratique suffisante de la dynamite, parce qu'elle coûte peu et que le prix de ces accessoires prend une grande importance dans des industries où l'on fait partir en un jour des centaines de coups de mine.

Mais, dans les travaux spéciaux, dans les applications militaires où la certitude de l'explosion passe avant toute considération de dépense, dans les chantiers où la dynamite vient d'être introduite et où les ouvriers manquent d'expérience, il convient d'employer des capsules plus longues et plus chargées de fulminate. La charge peut être utilement portée à 1gr,5 dans certains cas spéciaux.

Il y a d'ailleurs pour justifier ce choix une grande raison : c'est qu'il est bien constaté aujourd'hui que la perfection de l'explosion de la dynamite, comme aussi des explosifs en général, dépend entre autres choses et principalement de l'intensité de la détonation initiale.

Parmi les faits qui ont permis d'établir cette influence du plus ou moins d'intensité de la détonation initiale sur la perfection de l'explosion, le plus frappant a été constaté, en Autriche, dans les expériences faites en 1870 pour étudier les moyens de provoquer l'explosion de la dynamite gelée.

On a reconnu que la dynamite au coton-poudre, amorcée par une capsule contenant 1 gramme de fulminate, produit toujours l'explosion de la dynamite gelée, tandis que celle-ci ne part pas lorsque la dynamite au coton-poudre détone sous l'influence d'une capsule de 0gr,3.

Si l'on n'a pas sous la main des capsules suffisamment chargées ou chargées d'un fulminate assez énergique pour assurer à faible dose l'explosion de la dynamite, on peut parer à cet inconvénient en enlevant avec précaution le fulminate d'une capsule pour le placer dans une autre. Mais c'est une opération délicate qu'il ne faut pratiquer qu'en cas de nécessité exceptionnelle.

S'il faut enlever le fulminate d'une capsule, on serre le fond de cette capsule avec une tenaille que l'on a soin de tenir devant soi de manière à ne pas être blessé en cas d'explosion. Une compression progressive et énergique répétée dans plusieurs sens suffit pour détacher entièrement le fulminate, que l'on recueille sur une feuille de papier et que l'on verse dans une autre capsule. Si cette capsule doublée ne doit pas être utilisée de suite, on y dépose une goutte de collodion, qui fixe le fulminate et permet le transport ultérieur de la capsule.

On coupe la longueur voulue de la mèche Bickford, on rafraîchit l'un des bouts, de façon à avoir une coupure bien nette, et l'on enfonce cette extrémité dans la capsule jusqu'au fulminate. On assure la mèche dans cette position en serrant fortement le haut de la capsule avec une pince. Cette précaution est indispensable : sans cela, non-seulement le coup pourrait rater, mais encore la mèche sortie de la capsule pourrait enflammer la dynamite, qui brûlerait plus ou moins complétement sans aucun effet utile.

Pour produire la détonation de la capsule fulminante, il peut être avantageux d'employer l'électricité. On évite ainsi les dangers des ratés, puisque le coup de mine qui n'est pas parti au moment du passage du courant qui devait faire détoner l'amorce ne peut pas partir inopinément. On peut de plus produire l'explosion simultanée de plusieurs fourneaux, ce qui présente dans certaines applications de grands avantages.

Il y a une grande variété d'amorces électriques. On trouvera à ce sujet d'intéressants détails dans un mémoire de M. Klein publié dans le n° 17 du *Mémorial de l'officier du génie*, dans une notice spéciale de M. Bréguet et aussi dans l'ouvrage de M. Champion, qui a fait de cette question une étude spéciale.

Les plus usitées sont : l'amorce Abel, l'amorce Ebner, et l'amorce à fil de platine.

L'amorce de M. Abel est chargée d'un mélange intime de protosulfure de cuivre, de protophosphure de cuivre et de chlorate de potasse, additionné d'eau gommée ou d'alcool, puis desséché à l'air libre.

L'amorce est faite avec un fil de 4 millimètres de diamètre en gutta-percha contenant deux fils de cuivre. Les deux fils sont à un demi-millimètre de distance l'un de l'autre et sont mis à nu à l'une de leurs extrémités sur une longueur de 1 millimètre environ. Une feuille d'étain enroulée en forme de tube autour de la gutta-percha reçoit la composition; puis on ferme le tube, soit en repliant l'étain sur lui-même, soit à l'aide d'un petit morceau de baudruche. Le tout est ensuite enduit d'un vernis siccatif. A l'autre extrémité du câble de gutta-percha les fils sont mis à nu pour être reliés aux conducteurs.

Il suffit d'une faible étincelle électrique pour faire détoner cette amorce. On peut l'essayer à l'aide d'un courant très-faible et d'un galvanomètre ; mais cette épreuve peut donner au mélange une tendance à la décomposition qui en diminue la stabilité.

L'amorce du colonel Ebner, du génie autrichien, se compose d'un fil de cuivre d'environ 1 millimètre de diamètre, replié en son milieu en forme d'U. Les deux extrémités sont écartées pour être reliées aux conducteurs. Les branches de l'U sont maintenues dans un mélange de soufre fondu et de verre pilé qui laisse à découvert la partie arrondie du fil. Ce mélange durcit et conduit peu l'électricité. On coupe alors, à l'aide d'un trait de scie, le coude saillant du fil de cuivre, de façon à laisser entre les deux parties un intervalle d'environ $0^{mm},2$. Un petit tube de gutta-percha enveloppe le tout, et entre les extrémités du fil de cuivre on dépose dans ce tube une dose de poudre fulminante, composée de chlorate de potasse, de sulfure d'antimoine et de charbon. Le tube est fermé ensuite par un bouchon de liége.

Ces amorces peuvent être éprouvées par un courant très-faible. Elles détonent sous l'influence d'un courant d'induction, qui échauffe la composition fulminante en raison de la résistance que celle-ci oppose au passage de l'électricité.

Les amorces à fil de platine détonent par l'incandescence d'une spirale de fil de platine d'environ 1 centimètre de longueur et de $0^{mm},5$ à $0^{mm},1$ de diamètre. Ce fil présente 6 à 8 spires, espacées d'un tiers à un quart de millimètre. Ses deux extrémités sont soudées à deux conducteurs de cuivre, maintenus, suivant deux génératrices opposées, contre un petit cylindre de bois formant le fond d'un tube en papier enroulé, qu'on remplit de pulvérin ou d'une autre composition fusante, et qu'on ferme par un bouchon de bois ou de liége. Le petit cylindre présente au-dessous de la spirale de platine une cavité, de façon que la poudre entoure bien le fil de platine et se loge entre ses spires.

Pour appliquer ces diverses amorces à l'explosion de la dynamite, on les insère dans une capsule de fulminate de mercure; on fait le joint avec de la poix ou de la gutta-percha.

Il y a un grand nombre d'appareils propres à la mise à feu des amorces électriques. Citons seulement l'appareil d'induction de Gaiffe, l'exploseur électro-magnétique de Bréguet, diverses piles électriques, diverses machines à électricité statique. La description de ces appareils nous entraînerait trop loin de notre sujet. On trouvera d'utiles indications dans le traité de M. Champion, dans une notice présentée par MM. Mahler et Eschenbacher à l'Exposition de Vienne et dans les ouvrages sur l'électricité.

Lorsque la cartouche fulminante est munie de sa mèche de sûreté ou de son amorce électrique avec des fils conducteurs, il faut la fixer dans la cartouche de dynamite pour constituer une cartouche-amorce.

Pour cela, on ouvre une cartouche par une extrémité, et l'on plonge la capsule dans la dynamite. Il faut éviter que la mèche plonge dans la dynamite, sans quoi cette dernière pourrait s'allumer avant la détonation de la capsule : on aurait alors une perte de matière; de plus, la combustion imparfaite qui se produit dans de pareilles circonstances donne naissance à un dégagement de gaz nitreux nuisibles à la santé. On rabat le papier de la cartouche autour de la mèche, et l'on assure la solidité du système par une forte ligature.

S'il s'agit de charger un coup de mine, on tasse au fond du trou de mine avec un bourroir en bois, les unes sur les autres, autant de cartouches qu'il en faut pour obtenir la longueur de charge désirée. Il est inutile d'ôter le papier; mais il faut avoir soin de tasser assez fort pour éviter qu'il y ait du vide entre les cartouches ou au-dessous de la charge de dynamite.

Le bourrage le plus énergique avec un bourroir en bois est sans aucun danger. La dynamite remplit exactement le trou de mine, se moule sur ses anfractuosités, et on réussit de la sorte à loger dans le trou de mine à peu près autant de nitroglycérine que dans le cas de l'emploi de l'huile explosive pure. La cartouche-amorce se place ensuite au contact de la charge, et on ne la comprime que légèrement, pour ne pas déranger la position de la capsule. Comme bourrage, on peut employer indifféremment du sable, de la terre ou de l'eau.

Comme nous l'avons expliqué, les gaz sont inoffensifs quand toute la dynamite a fait explosion; ils ne sont viciés de gaz nitreux et nuisibles qu'autant qu'une partie de la matière a brûlé, ce qui arrive en particulier quand la capsule a été trop enfoncée dans la dynamite.

En cas de ratés, il ne faut jamais essayer de débourrer jusque sur la dynamite, car le choc de la barre à mine sur la capsule pourrait provoquer l'explosion. Pour utiliser la charge qu'on est menacé de perdre, il faut cesser de débourrer quand on arrive à 10 centimètres environ de la dynamite. On place alors dans le trou une nouvelle cartouche-amorce, et il est rare qu'en y mettant le feu elle ne provoque pas l'explosion de la dynamite occupant le fond du trou. Les mineurs prennent quelquefois la précaution, en vue de l'éventualité du débourrage, de placer un tampon de papier entre la charge et le bourrage. Mais il est encore plus prudent d'interdire aux ouvriers tout débourrage des trous ratés; et cette prescription est recommandable, non-seulement pour la dynamite, mais pour tous les autres explosifs.

A la rigueur, il n'est pas nécessaire de plonger la capsule dans la dynamite : ainsi, lorsqu'on lie ensemble deux cartouches de dynamite et qu'on insère entre elles une capsule fortement chargée, la détonation de la capsule produit l'explosion.

Pour produire l'explosion d'un poids déterminé de dynamite, on prend un nombre de cartouches correspondant à ce poids et on les dispose en tas les unes à côté des autres, en les serrant à la main autant que possible; souvent on fait une seule masse en ouvrant les cartouches et en tassant la matière à la main. Il ne faut pas oublier de se laver les mains toutes les fois que l'on a touché de la dynamite.

Pour provoquer l'explosion d'une caisse de cartouches, il suffit de pratiquer dans l'une des parois, à l'aide d'une vrille, un trou d'un diamètre suffisant pour le passage de la capsule. S'il s'agit de produire l'explosion de plus de 20 kilogrammes de dynamite, on superpose plusieurs caisses et l'on amorce l'une d'elles, ainsi qu'il a été expliqué ci-dessus. Toutes les caisses feront explosion simultanément, et leur effet sera d'autant plus sensible qu'elles seront mieux recouvertes de terre, de sable ou de pierres jetées à la main. Toutefois cette dernière précaution n'est pas indispensable.

Voici, à propos de la communication à distance des explosions de dynamite à l'air libre, trois expériences faites par M. P. Barbe à l'usine de Paulille:

1) Deux cartouches ont été juxtaposées et ficelées ensemble. Une capsule doublée a été introduite entre les deux cartouches. L'explosion du fulminate devait produire celle de la dynamite à travers le papier. D'après l'intensité de la détonation, on a présumé que les deux cartouches avaient fait explosion simultanément.

2) Deux cartouches ont été séparées par une planchette de $0^m,009$ d'épaisseur. Le tout a été ficelé et enveloppé de toile. La cartouche supé-

rieure était amorcée avec une capsule doublée; son explosion devait se communiquer à la cartouche inférieure à travers la planchette. D'après l'intensité de la détonation, on a présumé que les deux cartouches avaient simultanément fait explosion.

3) Entre deux groupes de deux cartouches superposées, on a placé deux planchettes de sapin ayant ensemble $0^m,018$ d'épaisseur, séparées entre elles par une lame d'air de $0^m,010$ d'épaisseur; la cartouche supérieure était seule amorcée avec une capsule double : son explosion devait se communiquer aux cartouches inférieures à travers les deux planchettes et la lame d'air; le tout était enveloppé de toile. D'après l'intensité de la détonation, on a présumé que les quatre cartouches avaient fait simultanément explosion.

Le fait suivant, rapporté par M. Trauzl, fait voir que deux masses de dynamite logées dans le même espace fermé et résistant peuvent faire explosion simultanément, bien que séparées par un grand intervalle. Dans un tuyau à gaz en plomb de deux mètres de long, on engagea à chaque extrémité une cartouche d'environ 17 grammes. Le feu fut mis à l'une des extrémités, et néanmoins les deux cartouches firent explosion ensemble. L'énorme pression d'air renfermé dans le tuyau, se propageant instantanément, agit comme l'eût fait l'explosion directe et interne d'une composition fulminante.

M. Abel a fait récemment sur le coton-poudre, sur la dynamite et sur les fulminates une importante série d'expériences sur la transmission de la détonation à distance dans l'intérieur de tubes dont il a fait varier la nature, le diamètre et la longueur.

Voici d'abord les résultats obtenus avec la dynamite :

Les cartouches employées pesaient 78 grammes et avaient 10 centimètres de long et 25 millimètres de diamètre; elles étaient enveloppées de papier imperméable.

On commença les essais avec des tubes en fer forgé de 31 millimètres de diamètre intérieur et de $1^m,80$ de long, en insérant une cartouche à chaque extrémité. Il n'y eut pas communication de l'explosion. On recommença alors l'expérience en employant des tubes de longueur successivement réduite. La communication de l'explosion eut lieu quand la longueur de tube comprise entre l'explosion initiale et l'autre cartouche fut réduite à $1^m,50$. Ce résultat est le même que celui fourni par des cartouches de coton-poudre de poids à peu près égal.

Dans des tubes de 25 millimètres de diamètre, la transmission se fait à partir d'une longueur de $0^m,90$ avec des cartouches de 32 grammes.

On essaya de transmettre l'explosion d'une charge de 78 grammes de dynamite à travers des tuyaux de fonte de $0^m,10$ de diamètre et de $1^m,64$, 1 mètre et $0^m,666$ de longueur. On n'obtint que des résultats négatifs; mais, en répétant ces essais avec des tubes en fer forgé de 69 millimètres de diamètre, l'explosion de la charge de 78 grammes de dynamite fut transmise à une autre cartouche placée à l'autre extrémité du tube, à une distance de 1^{m},59.

Cette expérience montra que la détonation de la dynamite se transmet mieux à une autre charge de la même substance que cela n'a lieu avec le coton-poudre, lorsque les conditions de la transmission deviennent difficiles. La grande différence entre les résultats fournis avec la dynamite par les tubes en fer et par ceux en fonte était due très-probablement à cette circonstance que ces derniers, qui n'étaient pas épais, présentaient au siége de l'explosion initiale une résistance insuffisante pour empêcher une grande déperdition de force, la percussion étant ainsi beaucoup moins complétement transmise à travers le tube.

Rapportons encore quelques-unes des conclusions que M. Abel a tirées de l'ensemble de ses expériences sur la transmission des détonations à travers les tubes.

La distance à laquelle la détonation peut se transmettre par l'intermédiaire d'un tube à une masse distincte d'une substance explosive dépend des conditions suivantes, savoir :

a) De la nature et de la quantité de la substance employée pour l'explosion initiale, et de la nature de la substance dont il s'agit de déterminer l'explosion, mais non pas de la quantité de cette dernière matière ni de la condition mécanique dans laquelle elle est exposée à l'action de la détonation.

b) Du rapport entre le diamètre de la cartouche mise en feu et de la seconde cartouche, et le diamètre intérieur du tube.

c) De la solidité de la matière dont le tube est formé, et, par suite, de la résistance qu'il oppose à la transmission latérale de la force développée au moment de la détonation. Cette condition ne paraît pas affecter d'une façon appréciable les résultats produits par la détonation dans les essais en petit, mais son influence devient apparente quand on opère sur une plus grande échelle.

d) Du degré de rugosité du tube employé pour la transmission de l'explosion, ou, en d'autres termes, de la grandeur de la résistance opposée au courant de gaz, et de la perte de force qui résulte du frottement des gaz contre les parois ou d'autres obstacles introduits dans le tube (par exemple, un tampon de laine librement posé dans le tube).

e) Du degré de perfection du canal de communication et de la position des deux cartouches par rapport à celui-ci (apposées contre les extrémités ou insérées dans le tube). Il est à peine nécessaire d'expliquer que si le tube est fendu ou fort élargi, soit au siége de l'explosion initiale, soit en tout autre point, ou même s'il existe une légère solution de continuité dans le tube, la distance de transmission doit être diminuée. Il va aussi sans dire que si la cartouche mise en feu, ou celle dont on veut obtenir la déflagration, est apposée contre le bout du tube au lieu d'être insérée dans celui-ci, cette condition est défavorable à la communication de l'explosion ; d'un autre côté, si la cartouche-amorce pénètre à quelque distance dans le tube, au lieu d'être seulement insérée de façon à en araser l'extrémité, la perte de force par dispersion latérale est considérablement réduite, sinon supprimée, et le courant de gaz conserve la puissance nécessaire pour transmettre plus loin la détonation.

La nature (en dehors de la résistance à l'extension ou à la rupture) de la matière composant le tube ne paraît pas exercer d'influence importante sur le résultat, autant qu'on a pu s'en assurer par les expériences. En tout cas, les effets des différences dans la rugosité des parois intérieures des tubes sont bien autrement importants que ceux que l'on pourrait attribuer à la nature de la matière dont ceux-ci sont formés.

Quand les conditions nécessaires pour la transmission de l'explosion sont seulement près d'être remplies, ou lorsqu'il se présente par accident un léger obstacle, il se produit fréquemment un résultat intermédiaire entre l'explosion brusque et la simple désintégration mécanique suivie de dispersion, et occasionnellement de l'inflammation des parties projetées.

M. Abel pense, comme l'avait déjà avancé M. Trauzl, que ce mode de transmission par tubes pourrait être appliqué pour compasser des feux, c'est-à-dire pour faire partir simultanément plusieurs charges sous l'influence d'une seule détonation. Dans quelques-uns de ces essais, le tube principal présentait des branches aux deux extrémités desquelles étaient placés des disques de coton-poudre comprimé. La transmission s'est bien effectuée dans toutes les branches, comme aussi dans le tube principal.

Déjà M. Lauer s'était servi avec succès, pour le compassement des feux, de tubes métalliques de 33 millimètres de diamètre et 1^{m},89 de longueur, portant une cartouche à chaque bout.

Il est souvent néessaire de former un cordon plus ou moins long de cartouches, en les ajustant les unes au bout des autres. Lorsque le papier fait défaut, on procède de la manière suivante : On ouvre chaque cartouche à l'une des extrémités ; on enfonce ensuite successivement chaque cartouche par son extrémité fermée dans le tube formé par le papier de la cartouche précédente; on opère le contact aussi bien que possible, et l'on pratique une bonne ligature. On a fait détoner de cette façon, en Autriche, des saucissons en toile et en papier de 19 mètres de longueur, sur 0^{m},01 de diamètre.

M. Abel a fait des expériences très-délicates pour mesurer la vitesse avec laquelle l'explosion se transmet dans des cordons de dynamite. Ce savant chimiste a pris des cartouches de dynamite à 73 pour 100, de 13 millimètres de diamètre et de 78 millimètres de long; il en a enlevé les enveloppes, et il a placé bout à bout les cylindres de dynamite, qui pesaient environ 72 grammes l'un, en les pressant légèrement l'un contre l'autre. Il a préparé de cette façon des traînées de dynamite parfaitement continues, de 9^m,12 et de 12^m,76 de longueur. Le feu était donné, à la façon ordinaire, à l'aide d'une capsule fulminante, insérée dans une petite cartouche de dynamite ou dans un disque de coton-poudre comprimé, placé à l'une des extrémités de la traînée. Les instants du passage de l'explosion ont été déterminés à l'aide du chronoscope du capitaine Noble, à des distances de 1^m,21 et de 1^m,82 tout le long de la traînée. Les vitesses moyennes observées ont été de 5938 mètres et 6563 mètres par seconde. La vitesse est aussi grande au bout le plus éloigné de l'amorce que du côté de celle-ci, même dans la plus longue des traînées de dynamite sur lesquelles ont porté les essais. Le même fait a été constaté pour le coton-poudre, mais avec des vitesses de transmission moindres. Ce dernier fait explique les effets plus brisants et plus locaux de la dynamite employée à l'air libre.

M. le capitaine Lauer, du génie autrichien, a fait des essais pratiques sur les cordons continus de coton-poudre et de dynamite. Il a reconnu que, pour être sûr de faire partir par une seule détonation toutes les charges reliées à l'amorce, il fallait établir la communication avec des tubes en papier de 0^m,31 de long et de 5^{mm},5 à 6^{mm},6 de diamètre, reliés par de petites viroles en papier, et consolidés par de petites lattes en bois.

Dans une traînée de cylindres de dynamite, séparés les uns des autres par des intervalles vides de 13 millimètres, M. Abel a constaté que la vitesse de transmission n'est plus que de 1,897 mètres par seconde, soit moins du tiers de la vitesse minima constatée avec les traînées continues.

D'après des expériences faites à Montclain, en présence du général de Rivière, la détonation de la dynamite ne se communiquerait plus à l'air libre quand les cartouches sont à plus de 10 centimètres les unes des autres.

On peut encore citer à ce sujet une expérience faite à Vincennes pendant le siége. On pratiqua une brèche de 5^m,20 de long sur 0^m,60 de haut, dans un mur en pans de bois, par l'explosion de 2^k,500 de dynamite à 65 pour 100, logée dans un sac de toile. Un bidon en zinc, plein de dynamite et ouvert, avait été à dessein laissé à 2 mètres de la charge. Il fut retrouvé renversé et légèrement bosselé, mais la dynamite était restée intacte.

M. le capitaine du génie Pamart a étudié la même question sur de la dynamite à 55 pour 100. Voici, d'après M. le capitaine Fritsch, les principaux faits constatés dans ces recherches :

Dans une première série d'expériences, les deux charges renfermées dans des boîtes en zinc d'une contenance de 5 kilogrammes avaient le même poids, et on faisait varier la distance entre les charges jusqu'à ce que l'explosion de la première entraînât celle de la seconde.

Avec une charge de	1 kilog.,	il fallut placer les boîtes à	$0^m,90$	l'une de l'autre.
—	2 —	—	$1^m,75$	—
—	3 —	—	$2^m,75$	—
—	4 —	—	$3^m,50$	—
—	5 —	—	$4^m,50$	—

Dans une seconde série d'essais, on laissa constante et égale à 5 kilogrammes la charge directement mise en feu, et on fit varier le poids de la charge qui devait détoner par influence. On reconnut que, tandis que la distance était de $4^m,50$ pour produire l'explosion d'une charge de 5 kilogrammes, elle n'était plus que de $2^m,25$ pour une charge de 1 kilogramme. Quand les boîtes étaient plus éloignées, la dynamite de la seconde boîte était projetée, quelquefois allumée, la boîte disloquée; mais il ne se produisait pas d'explosion.

Mais, en remplissant de terre le vide que la charge laissait dans la seconde boîte en zinc d'une contenance de 5 kilogrammes, puis retournant celle-ci de façon que la dynamite se trouvât au-dessus, l'explosion par influence se produisit à la distance de $4^m,50$: d'où l'on conclut que le poids de la charge influencée ne changeait pas la distance à laquelle l'explosion se communique lorsque la boîte est entièrement remplie.

La loi observée subsiste encore quand la seconde charge est placée à l'air libre, en tas ou dans une enveloppe de papier.

La troisième série d'expériences fut faite en plaçant la charge directement mise à feu à l'air libre, au lieu de l'enfermer dans une boîte en zinc; les distances diminuent beaucoup dans ce cas : pour des charges de 1 kilogramme, la distance n'est plus que de $0^m,50$.

L'influence de la matière qui constitue la première boîte est sensiblement nulle, tandis que cette influence est très-sensible pour la boîte influencée. Pour les boîtes en bois la distance n'est plus que le tiers de celle qui correspond aux boîtes en zinc.

Il est difficile de produire à basse température l'explosion de la dynamite avec les capsules ordinaires du commerce. Si l'on a le temps et les moyens, on peut faire dégeler une grande quantité de cartouches d'un seul coup, en les plaçant dans un vase étanche, que l'on plonge lui-même dans une bassine d'eau chaude.

On réussit néanmoins avec les capsules ordinaires à produire l'explosion d'un tas de cartouches gelées, toutes les fois que l'on dispose d'une cartouche-amorce molle. On obtient ce résultat bien facilement en conservant quelques cartouches dans ses poches ; elles restent molles, et le court intervalle de temps entre le chargement et la mise à feu ne permet pas à cette amorce de geler au point de rendre l'explosion impossible.

En aucun cas il ne faut mettre les cartouches gelées sur un feu nu, ni amorcer à l'avance les cartouches avec la capsule; cette opération ne doit se faire qu'au moment du chargement.

Si le temps qui doit s'écouler entre le chargement et l'explosion doit être considérable, et que l'on ait à craindre que la cartouche-amorce ne vienne elle-même à geler, il est prudent de renfermer toutes les cartouches dans une enveloppe résistante et d'employer une capsule à très-forte charge ou un ensemble formé d'une capsule ordinaire placée dans une bobine de fulmi-coton ou dans un disque de fulmi-coton comprimé. De cette manière, on pourra obtenir au milieu de la dynamite un choc assez intense pour déterminer son explosion en masse.

L'ouvrage de M. Lauer donne à ce sujet les résultats d'une suite d'expériences entreprises pour produire l'explosion de la dynamite gelée.

La bobine de fulmi-coton n'a pas été trouvée suffisante pour assurer toujours l'explosion : on a remarqué que, lorsque le coton-poudre avait été exposé à l'humidité, il ne donnait plus sous l'action de la capsule ordinaire qu'une détonation trop faible, et on a été obligé d'adopter en Autriche, pour l'armement de campagne, des capsules chargées à 1 gramme de fulminate.

On a essayé de plus, pour faire les amorces : la dualine, mélange de sciure de bois, de salpêtre et de nitroglycérine; la poudre ternaire du génie, mélange de bois écrasé, de nitrate de potasse et de nitroglycérine; le lithofracteur, mélange d'une mauvaise poudre de mine avec de la dynamite ; et encore d'autres substances. Aucune de ces amorces n'a pu réaliser la certitude absolue d'explosion.

M. Isidore Trauzl semble avoir résolu le problème en composant son amorce de fulmi-coton granulé, saturé de nitroglycérine.

Toutefois, la meilleure amorce, quand on peut l'employer, est toujours une cartouche de dynamite molle.

Ajoutons que les travaux récents de M. Nobel permettent d'espérer la production de cartouches de dynamite qui ne se congèleront plus à aucune température.

Lorsqu'une charge de dynamite doit séjourner quelque temps en terre avant de faire explosion, il est indispensable de la protéger par tous les moyens possibles contre la pluie et les infiltrations d'eau, de manière à empêcher l'effet d'endosmose dont il a été question ci-dessus. Si l'on craint que les précautions soient inefficaces, il vaut mieux tout disposer comme si l'on opérait en terrains aquifères.

Des essais ont prouvé que la dynamite renfermée dans des tubes de papier mince sous l'eau à 15° faisait encore explosion après quinze minutes, sans qu'on ait constaté aucune diminution dans la force explosive, quoique toute la masse fût pénétrée par l'eau.

Aussi, pour les simples coups de mine en terrains aquifères ou sous l'eau, peut-on employer la dynamite dans ses cartouches ordinaires de papier :

on l'introduit et on la comprime comme il a été dit plus haut, et on la met en feu sous un simple bourrage d'eau ; la seule précaution à prendre est de protéger contre l'eau le fulminate de la capsule. A cet effet, on recouvre le joint de la mèche et de la capsule avec de la cire ou de la poix.

Quand on n'a pas de capsules à sa disposition pour mettre à feu la dynamite, on peut employer la poudre, mais seulement dans les cas où la charge est fortement comprimée. Il suffit d'une cartouche de poudre fine de quelques grammes placés au contact ou même à quelque distance de la dynamite dans le trou de mine et allumée par une mèche quelconque. La cartouche peut être en bois et fermée d'un bouchon de liége. Elle gagnerait à être un peu plus résistante dans les cas de confinement incomplet.

Applications de la dynamite.

APPLICATIONS MILITAIRES.

Après avoir exposé les propriétés et les divers modes d'emploi de la dynamite, notre but principal est de faire connaître les applications de ce puissant explosif aux travaux publics, à l'extraction des pierres et à l'exploitation des mines. Nous devons renvoyer ceux qui voudraient étudier les emplois de la dynamite dans l'art de la guerre aux ouvrages spéciaux du capitaine Fritsch et de M. Paul Barbe, ancien officier d'artillerie.

Cependant, comme il y a parmi les services déjà rendus par cette nouvelle poudre à l'art militaire plus d'un cas analogue à ceux qui se présentent dans l'industrie, et comme une vue d'ensemble des applications réalisées ou tentées dans l'artillerie, le génie et la marine, peut donner une idée plus nette des propriétés de la dynamite, nous indiquerons sommairement dans ce chapitre, d'après ces deux auteurs, les principales applications militaires de la dynamite.

M. Barbe a résumé la question dans un chapitre spécial, que nous reproduisons ci-dessous :

« Pour ouvrir une brèche dans un mur de clôture, il suffit de déposer au pied de ce mur, sur le sol, de 3 à 5 kilogrammes de dynamite par mètre courant. La poudre peut être contenue dans des tuyaux en métal, ou dans des boudins en toile préparés à l'avance; la charge peut être composée de cartouches simplement déposées à terre. L'explosion est produite par une capsule et une mèche de mine ; il est prudent de placer deux amorces au lieu d'une. On peut rester à une vingtaine de mètres du mur du côté de la charge. L'explosion abat le mur sur toute sa hauteur, et sur une longueur plus grande que celle de la traînée de poudre. La masse des matériaux reste sur place, mais il y a des projections qui blessent les défenseurs jusqu'à une quinzaine de mètres en avant.

« Lorsqu'on est paré, il suffit de trois minutes après le signal donné pour ouvrir un large passage à une colonne à travers une muraille de solidité ordinaire. Si le mur n'est pas défendu, ou si l'on opère la nuit par surprise, il n'y a aucune difficulté. Si le mur est défendu par des tirailleurs tirant par-dessus la crête, par des créneaux ou par des redans, il faut des hommes audacieux pour porter à sa place la charge de dynamite. Dans certaines situations, celle, par exemple, où a péri l'héroïque lieutenant Beau, la tâche paraît même dépasser les forces humaines.

« On peut essayer alors de lancer contre le mur, d'un point assez éloigné ou abrité, des fusées portant une charge de dynamite dont l'explosion se produit quand la fusée finit de brûler.

« Ce procédé, expérimenté à Paris par la Commission d'armement, mériterait d'être l'objet de recherches sérieuses.

« On pourrait encore, comme l'a essayé l'amiral La Roncière le Nourry, protéger par une forte cuirasse ou par un léger blindage portatif les deux ou trois hommes chargés de poser la dynamite.

« On peut d'un seul coup et en peu de temps abattre un mur sur des centaines de mètres de longueur, non plus pour y pratiquer une brèche, mais pour le démolir entièrement, soit qu'il s'agisse de favoriser l'action de l'artillerie, soit qu'en abandonnant la position on veuille retirer à l'ennemi l'avantage défensif de ce mur. Dans la prise d'un village ou dans la guerre des rues, pour s'emparer d'une barricade ou pour ouvrir des communications d'une maison à la maison voisine à l'aide de la dynamite, on emploiera le même procédé; ou, si le mur est mince et qu'on veuille ouvrir une simple porte, on suspendra à deux clous plantés à $1^m,50$ de hauteur et écartés de 1 mètre environ, une guirlande de cartouches ficelées l'une au bout de l'autre : on ouvre ainsi une ouverture facile à agrandir avec quelques coups de pic, et le dégât est réduit au minimum, ainsi que les inconvénients du coup de mine pour les assaillants.

« Les mêmes moyens sont commodes pour démasquer une batterie établie à l'abri d'un mur ou d'un ouvrage de maçonnerie : au moment d'ouvrir le feu, on abat l'obstacle juste à la hauteur voulue pour conserver un parapet.

« Pour démolir une maison dont on occupe l'intérieur, il suffit de disposer dans la salle basse une charge proportionnée à l'importance de la construction, mais généralement faible (6 kilog. pour une maison de garde-ligne). C'est un simple monceau de cartouches, ou bien un sac plein de dynamite, ou une caisse de cartouches. Le feu est donné par une mèche de mine.

« On ferme les portes et les fenêtres : l'explosion renverse les quatre murailles et détruit la maison.

« On peut opérer à distance à l'aide de fils électriques dissimulés, si l'on veut détruire la maison après qu'elle aura été occupée par l'ennemi.

« On peut encore se proposer, lorsqu'on abandonne un poste et qu'on suppose qu'il sera occupé par l'ennemi, de le faire sauter un certain temps après l'avoir quitté, soit quelques heures, soit un ou plusieurs jours.

« Après avoir installé la mine dans un endroit bien caché, on prépare la mise en feu, soit à l'aide d'un réveille-matin allumant une allumette après un temps donné, soit à l'aide d'une bougie habilement dissimulée donnant le feu à la mine lorsque la flamme atteint un point donné de sa longueur. Les deux moyens ont été expérimentés à Paris pendant le siége, et paraissent susceptibles de donner dans certains cas de bons résultats.

« La dynamite présente de notables avantages sur la poudre pour le chargement des torpilles : elle ne s'altère pas si l'eau pénètre dans l'appareil par quelque fuite, et elle permet en outre par sa grande puissance la réduction des dimensions ; il en est de même pour les mines placées en terre, et improprement appelées torpilles. On peut en établir sans préparatifs spéciaux, en remplissant de dynamite des tuyaux de conduite en fonte ou en zinc, que l'on dépose dans une fouille et que l'on recouvre de pierres ou de mitraille.

« On peut ainsi, en très-peu de temps, entourer une position d'une enceinte défensive, en creusant une tranchée et la garnissant de tuyaux pleins de dynamite. La mise à feu se ferait au moyen d'un appareil électrique, et elle pourrait avoir lieu aussi par le seul fait du passage d'une troupe au-dessus de la mine. Sur un chemin de fer occupé par l'ennemi, aucune surveillance ne saurait empêcher des hommes déterminés d'installer contre ou sous le rail un pétard de dynamite de quelques centaines de grammes, presque impossible à découvrir, et qui cassera le rail au premier passage d'une locomotive et causera un déraillement qui encombrera la voie.

« Pour détruire un pont, s'il s'agit d'une opération prévue et préparée de longue date, on fera des chambres dans les piles et les culées; elles seront beaucoup moins volumineuses que celles qu'exige l'emploi de la poudre, de sorte que l'ouvrage ne s'en trouvera pas détérioré s'il ne devient pas nécessaire de le démolir. Si le temps manque, il suffit de mettre à nu une partie du ciel des voûtes, ou au milieu des arcs, et d'y déposer une charge proportionnée de dynamite, soit en une caisse, soit en monceau. On mettra le feu par une mèche ou par l'électricité.

« On peut de même obstruer un tunnel en appliquant contre la maçonnerie une forte charge de dynamite ; et ces divers moyens de destruction des chemins de fer sont tellement sûrs, que nous ne craignons pas d'affirmer qu'avec leur aide il sera toujours possible de ne livrer à l'ennemi, en cas de retraite, qu'un chemin de fer hors de service, ou même, s'il s'en est emparé, de lui en rendre l'usage très-dangereux ou impossible.

« L'artillerie pourra tirer un parti avantageux de la nouvelle poudre pour le chargement des projectiles creux. Une bombe ou un obus, avec une charge de dynamite bien plus faible que la charge de poudre, éclate en un plus grand nombre de morceaux, présentant une plus grande force de projection et produisant ainsi sur les troupes des effets plus meurtriers. Un projectile qui serait rempli de dynamite serait émietté par l'explosion; mais la masse de gaz dégagé agirait efficacement sur les ouvrages en terre, en bois ou en maçonnerie. Si l'on profite de la plus grande force de la dynamite pour réduire la capacité intérieure de l'obus, on peut, en lui conservant le même poids, en réduire le diamètre, et cette diminution du calibre permet de réduire le poids d'une pièce capable de lancer à une distance égale un projectile de poids égal et de valeur destructive égale.

« Pour débarrasser un cours d'eau des masses de métal ou de maçonneries qui l'encombrent, on les divise à l'aide de la dynamite, en faisant poser par un plongeur des charges renfermées dans des boîtes de fer-blanc ou dans des sacs imperméables, et en donnant le feu par un appareil électrique ou par une mèche de gutta-percha.

« On brise la glace qui recouvre une rivière ou un fossé de fortification, en faisant d'abord un trou dans la couche à l'aide d'un premier pétard de dynamite simplement posé à la surface, puis en introduisant par cette ouverture une charge plus forte qui en détonant sous l'eau soulève la glace sur une grande surface.

« On peut, en un quart d'heure, avec une vingtaine d'hommes, abattre cent arbres de $1^m,20$ à $1^m,50$ de tour, pour faire une barricade qui protége une retraite ou couvre une position. Il suffit d'entourer l'arbre d'un saucisson en toile rempli de dynamite, et de donner le feu par une courte mèche : l'arbre oscille et tombe sans qu'on ait besoin de s'éloigner de plus d'une vingtaine de mètres.

« On est quelquefois obligé d'ouvrir des tranchées dans la roche ou dans la terre durcie par la gelée. La dynamite peut être utilisée dans ces cas spéciaux pour hâter le travail. Il faut faire des trous avec une barre à mine ou une tarière, et déposer deux ou trois cartouches à 40 ou 50 centimètres de profondeur. Ce procédé, qui a été expérimenté à Paris, n'a pas donné d'abord de bons résultats; il semble mériter cependant d'être étudié de plus près.

« Si l'on peut approcher pendant une seule minute d'une pièce d'artillerie, on peut la détruire sûrement en introduisant dans l'âme une forte cartouche de fer-blanc remplie de 500 à 600 grammes de dynamite. La dose peut être choisie de façon à éviter les éclats : le canon est crevassé et élargi sans éclater. On peut aussi casser un tourillon, la culasse mobile et l'affût, si l'on a le temps et s'il s'agit d'anéantir le matériel.

« Nous ne doutons pas qu'en instituant une expérimentation suivie de ces divers procédés, on n'arrive à en introduire l'usage dans la pratique militaire; nous croyons que le cercle des applications de la dynamite pourra être encore beaucoup élargi par des études pratiques, et que l'art militaire se trouvera ainsi définitivement doté de tout un ensemble de ressources nouvelles. »

Voici maintenant les conclusions que M. Fritsch a tirées d'un nombre considérable d'expériences et de faits de guerre dont il a pu se procurer les comptes rendus :

« On a vu que les propriétés caractéristiques de la dynamite consistent surtout dans sa force explosive, plus grande que celle de la poudre, et dans la faculté qu'elle possède d'agir indépendamment de tout bourrage. C'est à la première de ces propriétés que l'industrie fait surtout appel, car elle a généralement toutes les facilités désirables pour préparer ses explosions. Dans les ruptures militaires, non-seulement on tirera parti de l'intensité de cette force explosive en diminuant le poids des charges, mais on profitera surtout de l'économie de temps qui résulte de la possibilité de supprimer le travail de bourrage et même celui de forage. Il est inutile d'insister sur l'avantage que cette économie de travail et de temps procure à la guerre, qu'il s'agisse de rompre un mur pour ouvrir le passage à une colonne ou de détruire très-rapidement du matériel d'artillerie. Il n'est pas moins avantageux de pouvoir produire les mêmes effets avec des charges de poids moindres : car, si l'on conserve le même poids au matériel emmené, on porte avec soi une quantité de force plus grande, et une compagnie du génie d'avant ou d'arrière-garde peut avoir avec elle les moyens de rompre de grands ouvrages d'art en très-peu de temps et presque sans travail. Un escadron de cavalerie envoyé en reconnaissance, ou des éclaireurs faisant une pointe, peuvent porter dans leur giberne tout ce qu'il faut pour détruire des rails et même un ponceau de chemin de fer, et pour entraver pendant un certain temps les communications de l'ennemi bien loin de la base sur laquelle on opère.

« Enfin, l'action toute locale de la dynamite permet de l'appliquer là où la poudre donnerait de trop grands effets pour le but à atteindre. C'est ainsi qu'on peut l'employer à ouvrir instantanément des embrasures, à percer des baies de communication à travers des murs et à faire en un mot très-rapidement certains travaux qu'il faudrait exécuter à la pioche et en exposant fort longtemps les travailleurs au feu de l'ennemi. »

A propos de l'emploi de la dynamite pour la rupture des travaux en bois de toute sorte, le mémoire présente les observations générales qui suivent :

« Les expériences qui viennent d'être mentionnées et les conséquences qui en découlent naturellement suffisent pour que l'on soit à peu près renseigné sur la marche à suivre pour la rupture des bois, quel que soit le cas particulier qui se présente en campagne.

« Ce qu'il importe surtout de ne jamais perdre de vue, c'est qu'en raison de ses propriétés brisantes, la dynamite n'exerce de grands effets que dans le voisinage immédiat du point d'explosion. Il est donc essentiel que la charge soit répartie sur toute la ligne de rupture que l'on désire obtenir, et essentiel aussi que le contact entre la charge de dynamite et la pièce de bois à rompre soit le plus intime possible. Si l'on s'éloigne, la rupture ne se produit plus, à moins que l'on n'augmente considérablement la charge.

« Il serait par suite utile de munir le mineur chargé de placer la dynamite de chevilles de bois ou de pointes de fer, de manière qu'il puisse assujettir la charge dans une position convenable avant de donner le feu à l'amorce. Tous ces préparatifs sont difficiles à faire sous le feu de l'ennemi, et le placement des charges est une opération d'autant plus délicate et plus dangereuse, que le choc d'une balle de fusil sur la dynamite peut suffire pour produire son explosion. Il est donc important que les tirailleurs envoyés attirent sur eux l'attention et le feu de la défense, pour que les mineurs puissent accomplir la tâche qui leur incombe.

« C'est en général le même homme qui place la charge et qui, avec un bout de mèche, allume le cordeau de la fusée d'amorce. Cela fait, il se retire aussitôt à trente pas en arrière et sur le côté : on a constaté, en effet, à peu près dans toutes les expériences, qu'il n'y a jamais de projections sur le côté et même que les débris sont presque toujours projetés en avant de la charge.

« Les colonnes d'assaut ou de travailleurs, ou bien les têtes de colonnes de troupes qui couvrent le travail des mineurs, peuvent être tenues sans danger à quatre-vingts pas de distance de l'explosion. Dans un fossé, on pourrait même réduire cette distance à cinquante pas. »

Voici les conclusions relatives à la démolition des murs non terrassés :

« 1° Le moyen le plus commode de faire brèche à un mur non terrassé est de pratiquer dans ce mur une tranchée horizontale par une charge de dynamite d'une longueur égale à celle de la section à produire, posée sur le sol au contact du mur, et dont le poids par mètre courant serait représenté par le cube de l'épaisseur exprimée en mètres, multiplié par le coefficient 8,85.

« 2° Pour que le mur s'écroule, il faut que la longueur de cette tranchée soit suffisamment grande par rapport à la hauteur du mur, sans quoi il ne se fait qu'un trou : en effet, la liaison existant entre les matériaux de la construction fait que le poids des parties supérieures peut se reporter sur les parties non coupées assez voisines et empêcher l'écroulement.

« 3° Quand une brèche de faible largeur doit être pratiquée dans un mur, il faut donc non-seulement pratiquer dans le mur, par l'explosion d'un boyau de dynamite, une section horizontale, mais aussi une ou deux sections verticales qui limitent la brèche.

« 4° Dans les murs dont l'épaisseur n'est pas trop considérable, on peut pratiquer des ouvertures de forme déterminée en entourant ces ouvertures d'un chapelet de cartouches. Le nombre des cartouches par paquet est déterminé par l'épaisseur du mur.

« 5° Quand on a à faire brèche à un mauvais mur, il est possible que l'ébranlement produit par l'explosion suffira pour le faire tomber. Dans ce cas il vaudrait mieux placer la charge de dynamite à une certaine distance.

« On a eu à différentes reprises, pendant le siége de Paris, l'occasion de démolir promptement des maisons dans lesquelles on avait pénétré, soit pour empêcher l'ennemi de s'y loger, soit pour faire disparaître des couverts gênants pour les vues de la défense. On a toujours opéré avec de la dynamite librement posée dans une des chambres et on a réussi toutes les fois que l'on est parvenu à produire une explosion. »

Les murs de soutènement peuvent être détruits, soit par des charges logées dans des trous de mine, soit par des charges placées librement à l'extérieur des murs, soit encore à l'aide de mines à chambre cubique ou à chambre allongée. Les voûtes et les ponts de maçonnerie ont été aussi l'objet de travaux à la dynamite qui ont partout bien réussi.

« L'action de la poudre ordinaire sur les constructions en fer et en fonte est extrêmement faible, et jusqu'à ces derniers temps il a toujours été admis que pour détruire un pont en tôle ou en fonte il faut de toute nécessité démolir les piles qui le supportent. Or, dans le cas de ponts à très-grande portée, le résultat qu'on cherche à atteindre au point de vue militaire serait bien suffisamment obtenu par la rupture de la travée, ce qui permettrait de réduire les frais de la reconstruction coûteuse des piles.

« En outre, l'emploi du fer dans les blindages, soit de bateaux, soit de fortifications, est devenu tellement général, qu'il convient aussi de chercher à tirer parti des propriétés brisantes de la dynamite, pour rompre les défenses sur lesquelles la poudre ordinaire serait à peu près impuissante. »

M. Fritsch rapporte un certain nombre de faits recueillis principalement en Autriche sur les destructions de ponts et de blindages à la dynamite. Les résultats obtenus sont fort remarquables et prouvent tout particulièrement la force et la vivacité de la dynamite.

Les expériences faites sur les canons ont permis de conclure :

« 1° Qu'il suffit de 500 grammes de dynamite introduits dans l'âme, ou de un kilogramme placé sur la volée d'une pièce de campagne, pour la mettre hors de service ;

« 2° Que le bronze peut être déformé dans une large limite sans qu'il donne d'éclats dangereux, mais que la fonte et surtout l'acier donnent des éclats très-dangereux, dès qu'on force la charge et que la limite d'élasticité est dépassée ;

« 3° Qu'il est toujours avantageux, quand la charge est placée dans l'âme, de fermer la bouche par un tampon en bois ou en argile, ou par quelques gazons. » Ajoutons que l'on peut aussi se servir de l'eau comme bourrage.

On a fait aussi, dans divers pays, des expériences sur le chargement des projectiles creux à la dynamite. M. Fritsch rapporte ces essais et en tire les conclusions suivantes, d'abord au point de vue du tir des projectiles :

« En résumé donc, le tir des projectiles creux chargés de dynamite ne paraît pas absolument impraticable, mais les expériences actuellement connues ne sont pas suffisantes pour qu'on puisse en affirmer la possibilité. »

Puis, en ce qui concerne leur éclatement :

« Les expériences ci-dessus paraissent peu favorables à la dynamite, et l'emploi de cette poudre, qui morcelle trop le projectile et donne des éclats d'un poids insuffisant pour briser le matériel, semble peu avantageux. Tout au plus pourrait-on essayer de l'appliquer au chargement d'obus remplaçant les obus à balles ou les mitrailleuses, et dont les éclats seraient destinés à agir seulement contre des troupes. »

Ces conclusions semblent appeler de nouvelles expériences.

Enfin les dernières applications militaires de la dynamite relatées dans le mémoire sont relatives à son emploi dans la guerre souterraine, dans le chargement des fourneaux, fougasses, torpilles, et dans l'exécution des sapes forées. La force considérable de la dynamite a rendu dans ces usages les meilleurs services ; mais il faut tenir compte de son mode d'action brisant et local, et on ne doit pas lui demander de très-grands effets de projection.

« Pour les torpilles, il semble que la dynamite pourra rendre de grands services. On sait en effet que, pour défendre des passes où le tirant d'eau est faible, on ne peut employer que des charges de poudre relativement faibles et n'ayant par conséquent qu'un faible rayon d'action. Il en est de même pour les torpilles à percussion ou mouvantes, qui ne sont pas destinées à être submergées à de grandes profondeurs. Il semble donc que l'on pourra supprimer ces inconvénients en remplaçant la poudre par les dynamites, et arriver à employer dans une très-faible profondeur d'eau de très-grosses charges pour avoir un très-grand rayon d'action. Il sera d'ailleurs d'autant plus facile d'atteindre ce but, que, sous un même volume, la dynamite donnera un poids plus grand de charge et une action plus considérable. »

APPLICATIONS INDUSTRIELLES.

C'est sur les applications de la dynamite à l'industrie que nous nous proposons d'appeler principalement l'attention de la Société. Quelque importants que soient en effet les services déjà rendus par le nouvel explosif à l'art de la guerre et ceux qu'il est permis d'en attendre dans l'avenir, il faut tenir compte de ce que ces sortes d'emplois ont heureusement d'exceptionnel : on n'a pas chaque jour des ponts à renverser, des brèches à battre ou des canons à briser. Il en est tout autrement des usages industriels : la construction des chemins de fer, des canaux et des routes, le creusement des ports, l'extraction des pierres, l'exploitation des mines, utilisent d'une façon permanente et avec des avantages signalés les propriétés si remarquables de la dynamite; ces travaux de la paix s'exécutent, grâce à ce précieux auxiliaire, plus facilement, plus vite et à moindres frais. Des milliers de coups de mine sont tirés chaque jour avec la dynamite, et dans chacun d'eux une main-d'œuvre pénible a été abrégée et un plus grand travail utile est recueilli. C'est là le point de vue capital de notre sujet, et nous chercherons à mettre en pleine lumière cette partie de la question à l'aide des principaux faits recueillis dans une pratique déjà fort étendue de la dynamite.

TRAVAUX A LA ROCHE : GALERIES, PUITS, TRANCHÉES, TUNNELS.

M. Trauzl expliquait comme suit, presque au début de l'emploi de la dynamite, les éléments nouveaux que son application apportait au percement des galeries des souterrains ou des mines :

« Quand on se sert de la poudre ordinaire, le trou pratiqué dans le front d'attaque de la galerie doit toujours être fortement oblique sur ce front. On l'incline de façon que l'angle de l'axe du trou avec ce plan soit égal ou inférieur à 45 degrés. La valeur maxima de l'avancement est donnée par la ligne de moindre résistance, qui est la perpendiculaire abaissée du centre de la charge sur le plan du front. Cette perpendiculaire est au plus égale aux 7/10 de la longueur du forage.

« La profondeur du forage est donc dans le cas le plus favorable les 10/7 de l'avancement.

« De plus, en raison de la faible puissance de la poudre et du ferme appui que prend la roche attaquée contre les parois intactes, surtout dans les galeries à petite section, on ne peut donner aux trous de mine que des profondeurs relativement faibles.

« Avec la dynamite il n'en est plus de même. On peut, excepté dans une roche très-tenace et sans fissures, placer le premier trou directement suivant la ligne de moindre résistance; et, en proportionnant la profondeur du trou de mine et la charge au profil de la galerie et à la résistance de la roche, on obtiendra le même effet que donnerait avec la poudre un trou à 45°. On arrachera un cône ayant pour sommet le fond du trou, et pour base un cercle d'un diamètre égal au double de l'avancement. Dans ce cas le travail de forage est égal aux 7/10 seulement de celui que nécessiterait la poudre ordinaire.

« En outre, la puissance de la dynamite permet de faire les forages plus profonds, et on peut dégager par le tirage à la dynamite du premier coup de mine posé normalement au front d'attaque une surface bien plus étendue qu'avec la poudre. En continuant à donner aux trous de plus grandes profondeurs, on arrive à réaliser, avec la même longueur totale de forage, des résultats qui dépassent de beaucoup ceux que pourrait fournir dans la même condition le travail à la poudre commune. La masse de roche abattue est en effet proportionnelle, toutes choses égales d'ailleurs, au cube de la profondeur du trou.

« En prenant pour bases les formules du traité de construction des tunnels de Rziha, les expériences font ressortir l'économie du travail de forage dû à l'emploi de la dynamite dans les galeries à faible section ($0^{mc},20$), à plus de 30 pour 100, et dans les tunnels, galeries principales, etc., à 45 ou 50 pour 100.

« Comme l'économie d'argent et de temps réalisable sur le travail de forage des trous de mine est le plus souvent proportionnelle à la diminution du forage même, il est clair que l'application de la dynamite, malgré son prix élevé, doit amener des avantages très-importants.

« D'après les expériences connues, on obtient moyennement, par l'emploi de la dynamite en terrain sec, sur les dépenses d'abatage (non compris naturellement les prix d'extraction), une économie d'environ 25 pour 100, et l'avancement peut presque toujours être à peu près deux fois plus rapide qu'avec la poudre. »

La justesse de ces considérations a été vérifiée par une expérience étendue et prolongée. On a reconnu cependant que le premier trou d'attaque ne devait pas être placé normalement au front. On lui donne une obliquité moindre qu'avec la poudre ordinaire, mais on ne peut le placer droit sur la roche que dans des terrains moyennement denses. Par contre, on a trouvé avantage dans la plupart des cas à restreindre le diamètre des forages en raison du volume beaucoup moindre occupé par la dynamite à force égale. On fait aujourd'hui les trous de mine au calibre de 22 à 25 millimètres, au lieu de 40, 45 ou 50, et l'on trouve dans cette réduction de diamètre la source d'une économie considérable de main-d'œuvre. Enfin les forages à la dynamite peuvent être chargés sur une fraction plus grande de leur profondeur que ceux où l'on emploie la poudre. Il faut moins de bourrage, en raison de la plus grande vivacité de l'explosif.

En résumé donc, on recueille les avantages de la dynamite sur la poudre en plaçant le trou de mine plus près de la ligne de moindre résistance, en lui donnant un calibre moindre et une profondeur plus grande, et en le chargeant sur une plus grande partie de sa longueur. L'explosion arrache la roche jusqu'au fond du trou, malgré ces conditions plus difficiles que celles que comporte l'emploi de la poudre.

L'une des premières applications de la dynamite aux travaux publics en France a été faite sur la ligne de chemin de fer de Montpellier à Rodez.

Voici quelques renseignements donnés par M. Dumas à l'Academie des sciences, en octobre 1871, sur ces importants travaux :

« On a eu récemment, dans les travaux du chemin de fer du Midi, confiés à la haute direction de M. Chauvisé, ingénieur en chef à Béziers, un exemple très-frappant de la supériorité de la dynamite sur la poudre.

« Le tunnel de Saint-Xiste, sur la ligne en construction de Montpellier à Rodez, fut attaqué, pour aller plus vite, par cinq puits verticaux et à chacune de ses extrémités : ce tunnel est creusé dans le calcaire jurassique dur. La roche devint en peu de temps tellement aquifère, qu'avec l'emploi de la poudre et des méthodes ordinaires, ni les puits ni les galeries n'avançaient; pendant ce temps, le reste de la ligne se terminait, et l'on pouvait prévoir l'instant où son ouverture serait retardée par l'inachèvement de cet important travail. Alors on adopta l'emploi de la dynamite. Dès que les ouvriers eurent acquis quelque expérience, sous la direction de leurs ingénieurs, les avancements s'élevèrent à $0^m,30$ par jour dans les puits en fonçage, et $1^m,30$ dans les galeries en percement. Dernièrement, par suite de l'encombrement de nos voies ferrées, une livraison considérable de poudre Nobel se fit attendre quelques semaines : on fut réduit à continuer les travaux à la poudre ordinaire. Aussitôt les avancements retombèrent à $0^m,08$ dans le fonçage des puits, et $0^m,30$ dans le percement des galeries, en y employant le même personnel. Ce fait démontre les importants avantages qu'on pourra retirer désormais dans des cas analogues, et qui profiteront tout à la fois aux entrepreneurs et à l'État.

« L'intérêt des sommes dépensées s'ajoute chaque jour au compte de premier établissement : la Compagnie du Midi a donc hâte de terminer son travail. L'intérêt public est engagé aussi, tant à cause de l'utilité du chemin de fer que par la garantie d'intérêt assurée par l'État sur tout le capital dépensé pour la construction de la ligne.

« Dans les tranchées et les tunnels de Cerbère, sur la section de Port-Vendres à la frontière espagnole, à travers les schistes des Albères, l'entrepreneur, sur le vu des résultats des sondages entrepris avant l'adjudication par les ingénieurs de la Compagnie, avait consenti, sur les prix de base de l'adjudication, un rabais considérable. Ayant rencontré des roches plus dures, plus fissurées et d'un travail plus difficile que ne le faisaient penser les sondages, il fut sur le point d'abandonner l'œuvre en demandant des indemnités, lorsque l'emploi de la dynamite lui permit de continuer avec des avancements plus rapides et une économie de main-d'œuvre. »

Les entrepreneurs des quatre sections du chemin de fer de Port-Vendres à la frontière espagnole tiraient ainsi un utile parti de la dynamite, lorsque le ministre des finances vint à interdire la fabrication de cet explosif. Les entrepreneurs, lésés dans leurs intérêts, adressèrent une pétition à l'administration des ponts et chaussées pour arriver à faire lever cette interdiction.

M. Malbes, ingénieur des ponts et chaussées chargé du contrôle de la construction du chemin de fer, appuya la demande des entrepreneurs dans un rapport motivé. Voici quelques-unes des considérations et des faits que cet ingénieur fit valoir à l'appui de ses conclusions :

« Mais l'emploi de la dynamite dans les travaux publics en général est une question de la plus haute imprtance, à cause des économies notables qu'on peut ainsi réaliser et des ouvrages impossibles, au point de vue économique, que cette substance permet d'entreprendre.

« Pendant les quelques mois qu'on a employé la dynamite sur les chantiers de la ligne de Port-Vendres en Espagne, il ne nous a pas été possible de faire tenir des attachements suffisamment détaillés pour en déduire exactement l'économie réalisée. Il est cependant constant, bien que MM. les entrepreneurs s'abstiennent avec soin de parler des résultats économiques dans leur pétition, que l'avancement par jour dans les galeries des souterrains a doublé, et que le prix plus élevé de la dynamite, comparé à celui de la poudre, ne pouvait pas absorber l'économie de main-d'œuvre qu'ils ont ainsi réalisée.

« La dynamite entre largement, depuis trois ans, dans la pratique en Allemagne, en Angleterre et en Amérique. Une foule de documents font connaître avec détail sa préparation, son emploi, les conditions de son transport en chemin de fer. Il résulte d'essais et d'expériences assez prolongés, cités dans ces ouvrages, que la dynamite permet de réaliser dans certains travaux de déblais de roche une économie variant entre 25 et 30 pour 100.

« Les voies ferrées qu'il reste encore à construire en France doivent principalement traverser des pays montagneux et exigeront des déblais considérables de roche. L'emploi d'un produit capable de réduire de 25 pour 100 cet article important de la dépense d'établissement des chemins de fer ne saurait être négligé ou différé plus longtemps.

« Priver l'industrie des travaux publics et des mines de cette nouvelle poudre, alors que tous les pays en font un usage si grand et si général, ce serait les mettre dans un état d'infériorité inadmissible et que rien ne saurait justifier.

« Le chemin de fer de Port-Vendres en Espagne, d'un développement total de 11,267 mètres, est évalué, d'après les rabais des diverses entreprises, mais déduction faite de la valeur des terrains, à 7,864,000 fr.

« Les déblais de roche dans les tranchées à ciel ouvert s'élèvent à un cube de. . . . . 648,300^{mc}

« Ceux des souterrains dans la roche aussi à. 156,000

« Total 804,300

« Ils sont compris dans l'évaluation ci-dessus pour une somme de 4,953,000 francs.

« Si l'emploi de la dynamite eût été général, comme les schistes formant la totalité des roches à déblayer sont avantageusement attaqués par cette substance, les prix de revient auraient pu être diminués de 25 pour 100 au moins et la réduction pour la ligne se serait élevée 1,238,250 francs.

« On peut donc conclure sans exagération que, sur les deux ou trois cents millions qu'on dépense annuellement en France, en travaux de routes, canaux et chemins de fer, l'économie réalisable par l'application en grand de la dynamite se chiffrerait par millions. »

M. Many, l'un des entrepreneurs de ce chemin de fer de Port-Vendres aux Pyrénées qui a employé la dynamite d'une manière presque exclusive dans les tunnels qu'il a percés, constate comme suit, dans une note du 14 octobre 1872, la supériorité de cette matière sur la poudre ordinaire :

« Ses qualités principales sont :

« 1° La possibilité de l'employer sans le moindre inconvénient dans les parties aquifères, sans être obligé de sécher les trous de mine, l'eau qu'ils contiennent servant au contraire de bourrage.

« 2° Elle produit très-peu de fumée, et on peut éviter ainsi d'installer des ventilateurs, au moins sur une certaine longueur : nous avons percé 440 mètres de galerie avec peu d'inconvénients.

« 3° Cette matière est excessivement maniable ; quoique les ouvriers s'en plaignent dans les premiers jours, ils la préfèrent bientôt à la poudre, car elle n'offre absolument aucun danger. Nous n'avons eu jusqu'ici aucun accident grave à déplorer.

« 4° Et enfin, la dynamite étant beaucoup plus forte que la poudre, pour le même travail elle produit plus d'effet : par conséquent, elle se substitue à la main-d'œuvre ; en sorte que, lorsqu'il y a pénurie d'ouvriers, comme sur la ligne où nous nous trouvons, il y a avantage d'employer cette nouvelle matière.

« En résumé, il résulte de l'expérience que nous avons acquise depuis bientôt deux ans que la dynamite de M. Nobel est préférable à la poudre ordinaire sous tous les rapports et à quelque point de vue que l'on se place. »

Voici sur le même sujet un extrait d'une lettre adressée au Ministre des finances par M. J. Flachat, ingénieur civil, chef du service de la construction des chemins de fer des Charentes :

« Voici les conclusions que la pratique de la dynamite m'a suggérées sur son emploi dans les travaux publics :

« L'usage de la dynamite dans les chantiers peut à mon sens être admis en France, tout aussi bien qu'il l'est à l'étranger, comme une nécessité et non à titre de tolérance. De même que l'industrie trouve essentiel, selon le cas, l'emploi de la vapeur à basse, moyenne ou haute pression, afin de satisfaire à des besoins variés; de même, pour l'exploitation des roches, il est nécessaire que le constructeur puisse recourir à des poudres dont la puissance soit variée et réponde au but qu'il veut atteindre.

« Entraver l'emploi provisoire des forces que la science et l'industrie peuvent mettre à la disposition du constructeur serait, en ce qui concerne la dynamite, exclure des moyens de perfectionnements bien désirables pour l'exploitation des roches, et rien dans cette poudre ne me paraît motiver une pareille exclusion.

« La dynamite présente en effet, dans certains cas, de grands avantages sur la poudre ordinaire et beaucoup moins d'inconvénients. L'un des avantages les plus considérables est certainement celui de l'effort puissant et tout à fait local que l'on obtient d'un très-faible volume de cette poudre.

« La pratique me permet d'affirmer que cette qualité spéciale de la dynamite et son inaltérabilité dans l'eau ou par l'humidité permettent d'entreprendre bien des travaux qu'il serait impossible ou extrêmement difficile d'exécuter avec la poudre de mine. L'emploi de la dynamite ouvrira certainement un champ tout nouveau et plus pratique aux méthodes d'exploitation des roches, soit sous l'eau, soit hors de l'eau, et permettra de réaliser dans certains travaux de grandes économies de temps.

« En ce qui concerne les inconvénients que cette poudre explosive présente à un moindre degré que la poudre ordinaire, il faut noter que les manipulations de la dynamite offrent moins de dangers que celle de l'autre poudre. Son inflammation sans l'intervention des fulminates ne produit pas d'explosion et diminue considérablement les chances d'accident. Le seul inconvénient que je lui reconnaisse, et qui retardera peut-être l'extension de son emploi, ce sont les maux de tête qu'elle occasionne à certaines personnes obligées de manier la dynamite non enveloppée.

« Sur les chantiers, cette poudre peut être abandonnée aux ouvriers sans autre surveillance spéciale que celle de son bon et judicieux emploi. »

Nous reproduisons ci-dessous un tableau des essais faits, en 1872, aux mines d'Anzin, sur l'application de la dynamite au percement des puits et des galeries.

Résumé des Expériences faites sur l'emploi de la dynamite dans les creusements de bowettes ou d'approfondissements de puits désignés ci-dessous.

FOSSES ET LIEUX OU LES EXPÉRIENCES ONT ÉTÉ FAITES.	RÉSULTATS OBTENUS COMPARÉS à ceux qu'aurait pu donner l'emploi de la poudre.		OBSERVATIONS.
	Avancement.	Prix de revient de la matière explosible.	
Bleuse-Borne. Approfondissement du puits, au diamètre de $3^m,55$.	17 % plus rapide dans les rocs (près de 1/6e).	Économie de 2 fr. 75 par mètre de puits dans les rocs.	Les avantages signalés en faveur de la dynamite sont : 1° On peut faire des trous de mine sur un faible diamètre. En leur donnant $0^m,03$ au lieu de $0^m,04$, on peut forer environ 6 trous au lieu de 5 dans le même temps; 2° Il n'y a aucune perte de temps pour étancher et pour bourrer les mines dans les terrains aquifères; 3° Le bourrage est plus facile et plus court; 4° On peut retourner de suite sur une mine ratée, quand on a entendu l'explosion de la capsule; 5° On peut faire jouer une mine ratée, en utilisant la poudre restée dans le trou : avec la poudre ordinaire, les cartouches sont perdues, et de plus il faut forer une autre mine; 6° On peut prendre des charges de terrains beaucoup plus fortes qu'avec la poudre ordinaire : de là moins de trous à forer et avancement plus rapide. Les inconvénients signalés sont: 1° Les fumées sont beaucoup plus mauvaises à respirer que celles de la poudre ordinaire : au début, les ouvriers éprouvent de violents maux de tête; 2° Le nombre des mines ratées est plus considérable; 3° Nécessité de tenir les capsules et les cartouches dans des endroits secs, sinon ces matières se décomposent; 4° Nécessité d'avoir une ventilation plus puissante qu'avec la poudre ordinaire.
Dutemple. Bowette du Nord à 316 mètres.	Dans les cuérelles, on gagne 1/4 sur le temps employé au forage des trous de mines.	Économie de 2 fr. 19 par mètre de bowette dans les cuérelles.	
Haveluy. Bowette du Nord à 220 mètres.	1/6e plus d'avancement avec la dynamite.	Perte de 3 fr. 06 par mètre d'avancement dans les rocs. Perte de 3 fr. 45 par mètre dans les cuérelles.	
Id. Bowette du Nord à 140 mètres.	Id.	Perte de 4 fr. 79 par mètre d'avancement dans les rocs. Et perte de 4 fr. 93 dans les cuérelles.	
Id. Approfondissement du puits, au diamètre de $4^m,75$.	Avancement plus rapide encore que dans les deux bowettes ci-dessus, relativement au travail fait à la poudre ordinaire.	Économie de 15 fr. 95 par mètre d'avancement dans les rocs et de 5 fr. 14 dans les cuérelles.	
Enclos. Bowette du Sud à 314 mètres.	1/5e plus d'avancement dans les cuérelles avec la dynamite.	Perte de 5 fr. 14 par mètre d'avancement dans les cuérelles.	
Casimir Périer. Bowette du Sud à 184 mètres.	Résultats obtenus en faveur de la dynamite. L'avantage est plus marqué dans les rocs que dans les cuérelles.	. . . .	

Voici les conclusions tirées par la Compagnie d'Anzin des faits que rapporte ce tableau :

« D'après les résultats constatés ci-dessus, il est certain que l'emploi de la dynamite est très-avantageux dans les approfondissements de puits ou autres travaux qui exigent de grandes excavations, tels que : accrochages, écuries, etc.

« Dans les galeries à travers bancs ou bowettes, l'avantage est moins marqué, mais l'avancement est cependant encore plus grand qu'avec la poudre ordinaire; ce qui fait que, même en admettant un prix de revient égal, il y a lieu d'employer la dynamite dans les bowettes où la ventilation peut être assez active. »

Depuis l'époque de ces essais, les avantages reconnus à la dynamite semblent s'être affirmés plus nettement et les inconvénients qu'on lui attribuait paraissent s'être atténués, car la Compagnie d'Anzin a beaucoup développé l'emploi du nouvel explosif. Plusieurs mines du Pas-de-Calais l'ont appliqué aussi avec succès tant qu'il leur a été possible de s'en procurer. De même, la plupart des houillères du Centre, du Midi et de l'Ouest ont adopté l'emploi de la dynamite pour les travaux au stérile, tout au moins pour le sautage des roches dures, crevassées ou aquifères.

Citons entre autres les mines de la Loire, d'Épinac, de Ronchamps, du Creusot, de Montjean, d'Alais. Elles n'ont pas trouvé avantage, eu égard au prix assez élevé de cette substance, à s'en servir dans les terrains peu résistants ou dans les couches de houille dont l'abatage se fait à la poudre. Quelques expériences faites à la mine de Marles (Pas-de-Calais) sur l'abatage du charbon semblent cependant montrer qu'avec un mode spécial d'emploi on pourrait tirer bon parti de la dynamite. Il convient de forer des trous de grand diamètre et de grande profondeur, et de les charger faiblement en divisant la charge, puis pour tout bourrage de fermer l'orifice du trou par un tampon de déblais argileux.

Des essais faits dans les carrières à plâtre de Paris paraissent avoir indiqué qu'il ne convenait pas, au point de vue économique, de se servir de dynamite pour l'abatage du gypse.

Par contre, les ardoisières d'Angers, des Ardennes et de la Mayenne se sont très-bien trouvées de l'emploi de la dynamite dans leurs travaux préparatoires. On pratique à la dynamite les grandes excavations au stérile dont le fond donne accès à la couche exploitable.

Les grandes exploitations de calcaire de l'Ouest, dont quelques-unes fabriquaient sur place de la nitroglycérine, ont adopté avec empressement la dynamite; et, lorsqu'elles ont été empêchées par l'administration des finances de continuer l'emploi de cet explosif, elles ont fait parvenir leurs doléances à la Société d'agriculture de l'arrondissement de Saint-Lô et au conseil général de la Manche, qui ont, par des vœux fortement motivés, sollicité du gouvernement le retrait des mesures prohibitives.

Le phosphate de chaux s'exploite aussi avantageusement à la dynamite, et les exploitations des départements du Lot, du Tarn, du Rhône et de l'Aveyron en ont consommé d'assez fortes quantités.

Les mines et minières de fer ont aussi adopté assez généralement le nouvel explosif. Dans la Meurthe et en Algérie, on en a employé de fortes quantités.

Mais les qualités de la dynamite ont été trouvées plus précieuses encore dans les mines métalliques dont les filons sont souvent encaissés dans des roches très-dures. Voici sur ce point un compte rendu détaillé des résultats comparatifs donnés par la dynamite et par la poudre dans une mine exploitée au Brésil par une société anglaise. Malgré l'éloignement du pays d'où viennent ces renseignements, nous croyons devoir les présenter, en raison de l'entière confiance qu'ils nous inspirent et de la netteté remarquable des conclusions.

Lettre de M. John Hockin, président et administrateur délégué de la Société des mines de Saint-John-del-Rey (Brésil), 8, Tokenhouse yard (Londres), en date du 16 janvier 1872 :

« Cher Monsieur,

« M. Webb m'informe que vous désirez de moi quelques renseignements au sujet des résultats obtenus, surtout au point de vue de l'économie de temps et d'argent, par l'emploi de la dynamite dans les mines de Morro Velho, appartenant à cette Compagnie, au Brésil.

« Nous en faisons usage, comme vous savez, depuis 1869. Nous l'avons fait d'abord à titre d'essai pendant quelques mois, dans le double but de nous convaincre de la sécurité qu'elle présente dans son emploi, et d'habituer nos hommes à s'en servir.

« En 1870, satisfaits des résultats de nos essais, nous avons commencé à employer la dynamite : nous nous en sommes servis presque exclusivement pour le fonçage de deux puits dans des terrains très-durs.

« Je ne pense pas pouvoir mieux vous montrer l'économie de temps et d'argent qu'en vous communiquant un tableau que nous avons envoyé aux journaux de Londres il y a quelques mois, et qui établit la comparaison entre la poudre ordinaire et la dynamite au point de vue des frais et de l'avancement des travaux pendant quatre mois consécutifs en 1870 et 1871.

« Pendant les deux premiers mois, on s'est servi de poudre ordinaire, et pendant les deux derniers mois de dynamite.

« Vous verrez d'après ce tableau que pendant les deux premiers mois, avec la poudre ordinaire, nous avons avancé de 62 pieds 4 pouces, au prix de 136^{l} 17^{s} par 12 pieds; tandis que pendant les deux derniers mois, l'avancement a été de 120 pieds 8 pouces, et le prix de 87^{l} 8^{s} par 12 pieds.

MOIS.	EXPLOSIF employé.	NOMBRE de journées d'ouvriers employées au sautage pendant le mois.	SALAIRE des ouvriers pour travaux de sautage.	EXCÉDANT de prix de la dynamite.	LONGUEUR de trous de mine creusée.	AVANCEMENT TOTAL.	DIAMÈTRE des trous.	PRIX par toise, y compris l'excédant de prix de la dynamite.
1870.			£ : s.	£	pouces.	toises pouces pieds.	pouces.	£ : s.
Novembre....	Poudre ordinaire..	1679	335 : 16	»	34354	4 4 6	2 — 2 1/3	70:13
Décembre....	»	1869	378 : 11	»	32541	5 0 10	2 — 2 1/3	66: 4
1871.								
Janvier......	Dynamite........	1844	368 : 16	70	49307	9 3 8	1 — 1 1/2	41:12
Février......	»	1817	363 : 8	75	41787	10 3 0	1 — 1 1/2	45:16

« Notre pratique ultérieure a pleinement confirmé les résultats précédents. Au mois de juillet dernier, alors que nous étions dans une roche très-dure, notre approvisionnement de dynamite s'est trouvé épuisé, et nous n'avons pu avancer que de 9 pieds dans le mois avec la poudre ordinaire; mais, ayant reçu de nouvelles provisions de dynamite, nous avons avancé de 24 pieds en un mois dans les mêmes terrains.

« Nos hommes sont maintenant tout à fait habitués à la dynamite et la préfèrent de beaucoup à la poudre, et nous étudions en ce moment la question de savoir si nous ne renoncerons pas complétement à ce dernier explosif. »

La mine de pyrite de fer de Saint-Julien-de-Valgalgues, près d'Alais (Gard), a adopté l'usage de la dynamite; et, bien que la sorte employée ne soit pas tout à fait celle à laquelle se rapportent tous les documents qui précèdent, et soit notablement plus faible et beaucoup moins brisante, on trouvera cependant intérêt à connaître les résultats si clairement consignés par M. V.-H de Ricqlès, ingénieur, dans une notice spéciale qu'il a récemment publiée. Voici les principaux passages de cette note :

« La mine de pyrite de fer de Saint-Julien-de-Valgalgues est à 8 kilomètres nord d'Alais. Le gisement est dans l'oolithe inférieure, au contact du calcaire à encrines (*Bajocien d'Orbigny*); le mur est très-bien caractérisé par une petite couche de marnes noires supraliasiques, au-dessous desquelles on trouve le calcaire gris-bleuâtre du lias. C'est un dyke compacte et *fort dur*, composé de pyrite de fer FeS^2 et de calcaire renfermant 40 pour 100 de soufre, 35 1/2 de fer et 24 1/2 en moyenne de carbonate de chaux, quelque peu d'arséniure de fer, mais en faible quantité. La puissance du gîte est de 1 à 12 mètres, mais ordinairement de 2m,50 à 4 mètres. L'inclinaison varie de 18 à 32 degrés, et la direction générale est N. 15° E. à S. 15° O.

« L'abatage de la pyrite, avant l'introduction en France de la dynamite, se faisait entièrement à la poudre ordinaire de mine ; mais j'ai trouvé un si grand avantage à l'emploi de la dynamite, que la poudre ne devait jouer aujourd'hui qu'un rôle tout à fait accessoire pour les petits coups de mine, dans l'abatage du gîte de Saint-Julien...

« Pendant que j'ai pu me procurer de la dynamite, je m'en suis servi sur une large échelle, et j'ai obtenu d'excellents résultats de son emploi dans mes travaux, qui sont vastes, spacieux et parfaitement aérés.

« Les résultats que je me suis décidé à publier ne sont pas des chiffres souvent erronés, fournis par des expériences de détail, sous l'influence de circonstances exceptionnelles ; ce sont des résultats certains, donnés par une exploitation pratique de deux années, faite par des mineurs habiles et très-exercés au maniement de la poudre et de la dynamite.

« J'ai fait deux essais suivis et prolongés.

« Dans le premier, j'ai fait travailler les mineurs à prix fait, à tant le mètre courant de trou de mine, soit à la poudre, soit à la dynamite, mais au compte de la Compagnie exploitante. Dans le deuxième essai, j'ai fait travailler les mineurs à prix fait, à tant le mètre cube de vide produit dans des chantiers dont les dimensions étaient fixées par moi ou le maître mineur, en laissant toutes les fournitures de poudre, de dynamite, etc., au compte des mineurs.

« Dans tous les cas, les calibres des fleurets étaient les mêmes.

PREMIER ESSAI.

Résultat comparatif de 10 mois d'exploitation.

ABATAGE A LA POUDRE.

Avancement........ 140^m		
Largeur moyenne.... 4,60	cube 2,368^m	
Hauteur moyenne... 3,60		
Nombre de coups de mine.......		16,400
Profondeur moyenne...........		0^m,581
Longueur totale..............		9,530^m
Déplacement des fleurets........		0,022
Largeur du tranchant neuf......		0^m,030
Cube abattu par mètre courant de trou....................		0^{m3},248
Journées de mineurs..........		8,200

PRIX DE REVIENT.

Main-d'œuvre : 9,530 mètres à 3 fr. 50 c.............. =			33,355
Poudre........	2,850^k	6,555	10,410
Mèches........	1,100^p	715	
Papier........	1,200^m	300	
Acier.........	800^k	1,040	
Pointes.......	60,000	1,800	
Total..........			43,765

Soit par mètre cube :

Main-d'œuvre..............	fr.	14 09
Frais ci-dessus.................		4 40
Total...........		18 49
Quantité abattue par journée....		0^{m3},290
Prix de la journée.........	fr.	4 067

ABATAGE A LA DYNAMITE N° 3 DE PAULILLE.

Avancement........ 215^m		
Largeur moyenne.... 4,35	cube 3,460^m	
Hauteur moyenne... 3,70		
Nombre de coups de mine......		16,800
Profondeur moyenne...........		0^m,590
Longueur totale..............		9,900^m
Déplacement des fleurets........		0,022
Largeur du tranchant neuf......		0^m,030
Cube abattu par mètre courant du trou......................		0^{m3},349
Journées de mineurs..........		8,500

PRIX DE REVIENT.

Main-d'œuvre : 9,900 mètres à 3 fr. 50 c.............. =			34,650
Dynamite.....	2,376^k	11,310	16,235
Capsules......	17,100	685	
Mèches.......	1,100^p	715	
Papier.......	500^m	125	
Acier........	1,000^k	1,300	
Pointes......	70,000	2,100	
Total..........			50,885

Soit par mètre cube :

Main-d'œuvre..............	fr.	10 01
Frais ci-dessus.................		4 70
Total...........		14 71
Quantité abattue par journée....		0^{m3},407
Prix de la journée.........	fr.	4 075

« Or, 290 : 407 : : 100 : x = 140

« Donc, pour 100 de travail à la poudre, j'ai obtenu 140 à la dynamite.

DEUXIÈME ESSAI.

« Connaissant le prix du mètre cube à la poudre et à la dynamite, en intéressant le mineur seulement à la main-d'œuvre, j'ai voulu l'intéresser ensuite complétement.

« Je n'ai plus alors employé le mode de travail au mètre courant de trou de mine, où l'ouvrier n'avait d'autre intérêt qu'à faire le plus de mètres de trous de mine possible; j'ai pris pour unité le mètre cube à abattre, en laissant tout au compte du mineur : poudre, dynamite, capsules, mèches, papier à cartouches, usure d'acier, appointage des fleurets. L'ouvrier avait le choix, suivant le cas, d'employer la poudre ou la dynamite, de mettre le feu aux coups de mine par la poudre ou par la capsule Nobel. Tenant également compte de l'élévation des salaires, j'ai fait les prix au mètre cube, en rapport avec cet accroissement.

« Voici le résultat de 12 mois de travail, avec les mêmes ouvriers mineurs, déjà expérimentés et parfaitement exercés au maniement et à l'emploi de la dynamite :

Avancements	183m,67	4.933m3	
Puissance moyenne	2 40		
Largeur moyenne	4 24		
Nombre de journées		12,125	
Prix net par journée			4f 76
Prix brut par mètre cube			15 44
Dépenses par mètre cube			3 74
Prix net par mètre cube			11 70

« Le détail des dépenses se compose comme suit :

Poudre	1f 140
Dynamite no 3 et capsules	1 366
Mèches de mine	0 237
Papier à cartouches	0 048
Usure d'acier corroyé	0 339
Appointage de fleurets	0 610
	3 740

« Dans le premier essai, les frais se répartissaient comme suit :

A LA POUDRE par mètre cube.		A LA DYNAMITE No 3 par mètre cube.	
Poudre	2f 768	Dynamite et capsules	3f 468
Mèches	0 302	Mèches	0 206
Papier	0 128	Papier	0 038
Acier	0 441	Acier	0 377
Appointage	0 761	Appointage	0 609
	4 400		4 700
Différence en moins au 2e essai	0 660	Différence en moins au 2e essai	0 960

« La participation des ouvriers aux dépenses d'abatage a donc produit une économie moyenne par mètre cube de $\frac{0\ 660 + 0\ 960}{2} = 0^f,810$. Le prix du mètre cube brut est revenu à 15f,44 en moyenne, au lieu de

18f,49 qu'il revenait à la poudre ordinaire; et l'ouvrier a gagné 4f,76 par journée, au lieu de 4f,067 à la poudre.

« Donc finalement, l'emploi de la dynamite a réalisé, pour le mineur, une augmentation de salaire de 0f,70 par journée, soit 19 pour 100, et pour l'exploitation, 3 francs environ par mètre cube, ce qui fait 16 à 16 1/2 pour 100.

« Il y a donc double avantage pour le travailleur et pour l'exploitant, ce qui est très-important. De plus, chaque journée de mineur a produit $0^{m3},406$, tandis qu'à la poudre seule, il est probable, d'après le premier essai, que chaque journée de mineur n'aurait pas produit plus de $0^{m3},300$ à $0^{m3},312$: moyenne, $0^{m3},306$. Il y a donc, en nombre rond, un surcroît de travail produit de $0^{m3},100$ par journée de mineur, soit 32 à 33 p. 100 de plus : d'où je conclus que 100 mineurs à la dynamite ont fait autant de travail que 133 à la poudre ordinaire, ce qui est un avantage très-précieux.

« Il résulte donc de ces deux essais, toutes conditions égales d'ailleurs :

« 1° Que les frais d'abatage par la dynamite seule sont de 7 pour 100 plus élevés que par la poudre, quand le mineur n'est pas intéressé. (Voir 1er essai.)

« 2° Qu'en intéressant le mineur et combinant l'emploi de la dynamite avec celui de la poudre, suivant les cas, les frais sont de 15 pour 100 moins élevés qu'à la poudre seule, et de 20 pour 100 moins élevés qu'à la dynamite seule. (Le mineur n'étant pas intéressé. 1er essai.)

« 3° Que la main-d'œuvre par mètre cube à abattre est de 28 à 30 pour 100 moins élevée à la dynamite seule qu'à la poudre seule; et que, par un emploi mixte de dynamite et de poudre, on n'arrive qu'à 15 1/2 pour 100 d'économie sur la poudre seule, et à une augmentation de 14 1/2 pour 100 sur la dynamite seule.

« 4° Que la rapidité d'abatage à la dynamite seule est de 40 pour 100 plus élevée qu'à la poudre seule, et de 32 pour 100 seulement plus élevée, par l'emploi mixte de la poudre et de la dynamite.

« 5° Que la journée du mineur à prix fait est plus élevée de 0f,70 environ, ou 19 pour 100, en employant la dynamite qu'en employant la poudre.

« 6° Qu'il y a une économie pour l'exploitation de 16 pour 100 environs, par l'emploi de la dynamite.

« 7° Qu'il y aurait lieu de supprimer presque complétement la poudre, pour y substituer la dynamite, surtout dans les roches dures, comme celles dont il est question ici, car l'économie et la rapidité du travail seraient encore plus grandes.

« 8° Que l'anomalie qui semble exister entre le coût d'abatage, par la dynamite seule et par la poudre seule, ou par la méthode mixte, n'est qu'apparente : car il importe peu que les frais soient plus élevés, si le résultat final, par unité produite, est plus avantageux comme prix de revient, comme rapidité d'exécution, et comme prix de la journée de l'ouvrier.

« Comme conséquences générales de l'emploi de la dynamite, j'ajouterai :

« Que l'avantage de la dynamite est incontestable et immense dans les pays où la main-d'œuvre est rare et l'alimentation difficile, puisque l'abatage est plus expéditif; et, par exemple, dans le cas qui m'occupe, puisque 100 mineurs à la dynamite font autant de travail que 140 à la poudre ordinaire. Je dirai même qu'en France, où le développement industriel a pris depuis quelque temps un si grand essor, la dynamite est un agent indispensable à toute exploitation minière, soit qu'elle ait pour objectif la houille, soit qu'elle ait pour but les métaux : la houille, à cause des puits et galeries à travers bancs, travaux toujours longs et coûteux; les métaux, à cause de l'extrême dureté des roches encaissant les filons, et des filons eux-mêmes.

« La dynamite facilitera aussi d'une manière puissante l'exploration, et par suite l'exploitation de certains gîtes métallifères nouveaux ou abandonnés, pour ainsi dire inattaquables par la poudre ordinaire de mine, situés dans des pays arides ou d'un accès difficile, où la main-d'œuvre est rare, et par conséquent coûteuse: car, ainsi que je l'ai démontré, l'emploi de la dynamite diminue, sur une échelle assez vaste, les effets onéreux de l'élévation du prix de la main-d'œuvre.

« L'emploi de la dynamite est inappréciable dans les travaux aquifères, tels que le foncement de puits, percements à travers bancs, où la rapidité d'exécution a une importance bien plus considérable encore que le coût du mètre d'avancement ou mètre cube abattu.

« Il est indiscutable aussi que le prix général de revient d'une exploitation de mine (surtout métallique) doit forcément baisser par l'emploi de la dynamite ; les frais de roulage, extraction, machine, épuisement, aérage, employés, administration, restant sensiblement les mêmes, et la rapidité de production augmentant de 30, 40, et peut-être 50 pour 100 avec la dynamite.

« J'ajouterai, pour terminer cette petite notice, que je n'ai jamais eu à déplorer le moindre malheur causé, soit par le transport, soit par le maniement, soit par l'emploi de la dynamite (et j'en ai employé plusieurs milliers de kilogrammes). Quant aux accidents que pourrait produire la transsudation des cartouches, que plusieurs ingénieurs semblent redouter, il est, je crois, facile de les éviter, en tenant les caisses dans un endroit sec, et couchées à plat, de manière à ce que les cartouches ne se trouvent jamais dans une position verticale. Pour ce qui est de l'effet de la dynamite sur l'organisme, et de son influence pernicieuse sur la santé des ouvriers, je n'ai pas eu à m'en plaindre dans mes travaux, qui sont très-bien aérés. Dans les commencements, les ouvriers se plaignaient de maux de tête et perte d'appetit; mais cela venait de ce que les mineurs, n'ayant pas encore l'habitude que donnent la pratique et l'expérience de ce nouvel agent explosif, n'arrivaient pas à produire l'explosion complète. En effet, lorsque la dynamite s'enflamme sans explosion, les gaz produits ont une influence fâcheuse sur l'organisme; ces gaz, qui ne sont pas les mêmes, sont inoffensifs lorsque l'explosion est complète.

« Aujourd'hui, aucun ouvrier ne se plaint: car, comme on dit parmi les mineurs, aucun coup ne *rate;* tous ont la pratique de l'emploi de la dynamite.

« Il m'a donc été pratiquement démontré, sans que je puisse conserver aucun doute à cet égard, que l'emploi de la dynamite est une source de bénéfices pour les mines et pour les ouvriers mineurs, et que l'avantage est d'autant plus grand, que la roche est plus dure, plus aquifère et plus crevassée. »

L'ouvrage de M. le capitaine Fritsch rapporte dans sa dernière partie quelques exemples fort intéressants de l'emploi de la dynamite à de grands travaux à la roche. Nous devons renvoyer le lecteur à ces comptes rendus détaillés et nous borner à quelques indications sommaires.

Le premier travail décrit dans le Mémoire est celui qu'ont exécuté les troupes du génie autrichien pour la construction de l'aqueduc François-Joseph, amenant à Vienne les eaux du Schneeberg. Une étude détaillée de ces travaux a été publiée par M. le lieutenant en premier Makowiczka, du 2e régiment du génie autrichien, dans les nos 1 et 2 (1874) des *Mittheilungen über Gegenstaende des Artillerie und Genie Wesens.*

Il s'agissait d'établir une conduite d'eau de 100 kilomètres environ de longueur pour amener à Vienne les eaux des sources de Kaiserbrünn et de Stirenstein, situées sur le Schneeberg, à 300 mètres de hauteur. Dans la traversée du Hohlenthal, le long du cours de la Schwarzau, la conduite devait être pratiquée sur environ 2890 mètres de long, à travers le calcaire dolomitique compacte. D'après le projet, elle devait avoir sur cette étendue une pente générale de 1/200 et un profil de 1m,90 sur 2m,05 de hauteur sous clef. Pour économiser le temps, on devait attaquer le travail, non-seulement à ses extrémités et aux deux points intermédiaires où la galerie sort du rocher, mais encore sur vingt autres points du parcours. A cet effet, le projet comportait l'exécution de dix galeries de construction, ayant le même profil que la conduite dans laquelle elles débouchaient perpendiculairement, et présentant un développement total de 443 mètres.

M. Gabrielli, entrepreneur de ces travaux, qui s'était engagé à les achever complétement dans un délai de trois ans, à partir du 1er avril 1870, n'avait pu réussir, au commencement de novembre 1870, qu'à percer 370,80 sur les 3330 mètres qu'il avait à creuser dans le roc. Cet entrepreneur s'adressa alors au ministère de la guerre pour obtenir qu'il fût mis à sa disposition 250 sapeurs pour l'exécution des travaux de roctage.

Un premier détachement, composé de 2 officiers, 1 sergent-major comptable, 5 sous-officiers, 5 maîtres ouvriers et 70 sapeurs, fut envoyé sur les chantiers et commença à travailler le 14 janvier 1871, suivant les conditions d'un marché à tant par mètre courant de galerie. Le 1er mai, on avait déjà percé 379,20 de galerie. Sur la demande de l'entrepreneur, le ministre accorda l'autorisation de faire faire tout le travail à la roche par la main-d'œuvre militaire, et, en conséquence, il porta à environ 300 hommes l'effectif du détachement.

On se servit, comme poudre de mine, exclusivement de dynamite Nobel à 72 0/0 de nitroglycérine, de très-bonne qualité, en cartouches de 23 millimètres de diamètre et de 26 à 104 millimètres de longueur.

Dans le principe, les ouvriers de l'entrepreneur avaient employé la poudre ordinaire et reconnu qu'elle ne donnait, pour ainsi dire, aucun résultat, en raison de la grande dureté de la roche et de la faible section de la galerie. De plus, ils souffraient beaucoup de la quantité de fumée qui accompagnait les explosions. Sur les ordres du ministre, on avait également essayé le coton-poudre comprimé, en cartouches de 32,5 millimètres de long et 26 millimètres de diamètre, avec vide central. Cette substance ne pouvant supporter les frottements auxquels est exposée la cartouche contre les parois d'un trou de mine dont le diamètre est très-peu différent du sien, il fallut d'abord augmenter de beaucoup la longueur du tranchant des outils de forage, qui, avec la dynamite, est ordinairement de 23 millimètres. Le travail de forage se trouvait donc augmenté. On constata ensuite que, à hauteur égale de charge, l'effet de la dynamite est supérieur. Ainsi, dans le cas où l'on chargeait au coton-poudre, il restait un plus grand nombre de bosses ou têtes saillantes sur les parois de l'entonnoir; il ne se produisait, pour ainsi dire, ni fissures ni soulèvements dans la roche; la pierre complétement arrachée par l'explosion, une fois sortie de l'entonnoir, on n'obtenait plus rien ni au pic à roc ni à la main. Enfin cet agent exige des capsules plus fortes, et, par suite, plus chères que la dynamite, et son prix lui-même est plus élevé. Il en résulte que le coton-poudre comprimé, tout en paraissant plus avantageux que la poudre ordinaire, est incontestablement inférieur à la dynamite.

On n'a pas eu, à proprement parler, d'accident causé par l'emploi de la dynamite : car on ne peut mettre à la charge de cette substance les quelques explosions qui se sont produites quand on a manié maladroitement de la dynamite gelée ou préparé des cartouches-amorces devant un feu découvert.

Pour pratiquer dans la pierre très-compacte et très-dure une galerie de $1^m,90$ sur $2^m,05$ de haut, on s'est arrêté, après quelques tâtonnements, au procédé suivant :

On faisait travailler aux forages trois ouvriers à la fois et on les relevait toutes les huit heures. Un chef ouvrier, pour chaque galerie, était chargé de diriger et de surveiller le chantier, ainsi que de préparer les cartouches-amorces. Son service durait douze heures et il avait ensuite vingt-quatre heures de repos.

On commençait par placer dans le plan de tête de la galerie, un peu au-dessous de son centre, les trois premiers coups de mine, et on leur donnait le feu autant que possible simultanément, à l'aide de mèches de sûreté. Après le travail au pic à roc, on obtenait un entonnoir. On forait alors 8 ou 10 pétards pour déblayer toute la partie du front située au-dessus et sur les côtés de cet entonnoir à peu près central. Après leur explosion, on plaçait, un peu plus haut que les trois premiers forages, trois autres coups de mine, qui donnaient un nouvel entonnoir. On faisait sauter ensuite, à l'aide de pétards, la partie supérieure et les côtés de cet approfondissement; c'est seulement après que l'on attaquait le gradin inférieur par 8 ou 10 pétards horizontaux ou verticaux, aussi profonds que possible. Cela fait, on recommençait la même série d'opérations.

En suivant cette marche, on est arrivé, avec des ouvriers ordinaires, à faire avancer la galerie de $0^{m},60$ environ par vingt-quatre heures; ce qui exigeait 35 à 40 coups de mine, consommant environ $3^{k},360$ de dynamite.

Quand la roche, au lieu d'être compacte, présentait des fissures ou des stratifications, on modifiait le travail en ayant égard au nombre et à la position respective des couches. Les charges étaient plus faibles et le travail de percement avançait de $0^{m},80$ par vingt-quatre heures, avec une consommation moyenne de $2^{k},800$ de dynamite.

On rencontrait aussi parfois des parties de conglomérat où l'effet des explosions était plus considérable et s'étendait ordinairement de 5 à 10 centimètres au delà du fond du trou. La roche se désagrégeait fortement et le travail à la pince était très-productif. On pouvait incliner moins les coups de mine, leur donner plus de profondeur, tout en les chargeant seulement sur 1/5 ou 1/6 de leur profondeur.

Dans ces conglomérats, on commençait par approfondir le bas de la galerie sur 45 à 50 centimètres de hauteur et sur autant de profondeur, à l'aide de 4 ou 5 pétards placés sur la même ligne, inclinés de 35 à 40 degrés, profonds d'environ $0^{m},60$, mais dont le fond ne se rapprochait pas à plus de 8 à 10 centimètres du niveau du sol de la galerie. On déblayait ensuite la partie supérieure sur une profondeur égale, en plaçant successivement les pétards par rangées. Un pétard horizontal, placé à 7 ou 8 centimètres du sommet de la voûte, terminait le travail. Dans ces conditions, le percement de la galerie avançait de $0^{m},95$ par vingt-quatre heures, avec une consommation moyenne de $2^{k},520$ de dynamite.

On trouvera dans le Mémoire de M. Makowiczka des tableaux donnant, pour chacune des soixante-huit semaines qu'a duré le travail, tous les renseignements désirables sur le temps employé, le nombre de trous de mine forés, leur profondeur, la hauteur de la charge par rapport à cette profondeur, la consommation de dynamite et de cordeau porte-feu, l'avancement correspondant de la galerie. M. Fritsch se borne à dire que pour percer 2380^{m},20 de galerie, déblayer 2046 mètres cubes de roche dans la tranchée de Kaiserbrünn et pratiquer encore quelques excavations accessoires, il a fallu 160 074 trous de mine de 24 millimètres de diamètre, ayant ensemble une longueur de 72 089 mètres.

On a employé à ce travail 434 482 heures, 12 005 kilogrammes de dynamite et 122 678 mètres courants de mèches Bickford.

Le second exemple donné avec détail par le Mémorial de l'officier du génie est extrait du « Giornale del genio militare » de 1873, et se rapporte au percement des tunnels de Mesco et de Biassa, près la Spezzia.

Le tunnel de Mesco, long de 3 011^{m},45, traverse une roche cristalline très-dure, mélange d'euphotite et de serpentine, s'élevant au milieu des roches arénacées et schisteuses du terrain éocène ou tertiaire inférieur qui constitue le territoire de Mesco. Cette roche formait une masse amorphe et compacte, sans apparence de stratification; on y trouvait cependant quelques divisions irrégulières, qui, selon qu'elles étaient plus ou moins nombreuses, rendaient plus ou moins facile le travail de déblai. L'eau était en petite quantité.

Le tunnel de Biassa, long de 3 841^{m},92, est percé à la racine du long contrefort qui occupe le promontoire limitant le golfe de la Spezzia, du côté de l'ouest. Dans sa partie ouest, ce tunnel traverse des grès de grande dureté, stratifiés et mélangés de couches de marne qui appartiennent à l'étage éocénien. La direction de la stratification est à peu près normale à l'axe du tunnel; quant au soulèvement, il est presque vertical, avec une légère inclinaison à l'ouest. Les eaux ont été très-abondantes. Dans la partie est du tunnel, on rencontre d'abord, en partant de son débouché et s'avançant vers l'ouest, des calcaires noirs, mélangés à des marnes de dureté moyenne et à quelques couches de calcaire dolomitique, appartenant au lias inférieur. Plus loin, on trouve des marnes de diverses couleurs et de faible dureté, appartenant à l'étage jurassique et au terrain crétacé.

On employa à ces travaux la poudre et la dynamite. La première était la poudre de mine ordinaire des fabriques du pays. Les trous de mine qu'on en chargeait avaient habituellement 35 millimètres de diamètre.

La dynamite provenait de France et était livrée en cartouches de 22 millimètres de diamètre et de 45 à 180 millimètres de longueur, pesant 31^{gr},5 à 126 grammes, et de 25 millimètres de diamètre sur les mêmes longueurs, pesant de 40^{gr},25 à 161 grammes. Quand la charge était bien calculée, la dynamite brisait généralement la roche jusqu'au fond du trou et la réduisait en débris de petit volume, qu'il était facile d'enlever.

Un des avantages qui sont signalés dans le rapport de M. l'ingénieur Siben, directeur des travaux du chemin de fer de Ligurie, c'est que la dynamite, produisant peu de fumée et ne donnant pas lieu à des gaz nuisibles, les ouvriers pouvaient retourner au travail immédiatement après l'explosion et ne perdaient pas de temps. Le rapport contient le tableau des résultats de l'année 1871. Ils ne s'appliquent qu'à la galerie de 7 à 9 mètres carrés de section par laquelle on commençait le tunnel. Les entrepreneurs ont fait usage aussi de la dynamite pour l'élargissement, et ils continuent à l'employer, ce qui suffit à prouver qu'ils y trouvent avantage.

Les résultats inscrits dans les tableaux se résument comme suit :

L'emploi de la dynamite a eu pour effet d'accélérer le travail de 37,4 % dans la roche cristallisée du tunnel de Mesco; de 34,4 % dans le grès de la partie ouest du tunnel de Biassa; de 43,9 % dans le calcaire marneux de la partie est de ce tunnel : en moyenne donc, de 38,6 %.

L'économie dans la dépense, non compris le transport des déblais, les épuisements, les frais de surveillance et autres frais généraux, a été de :

18,2 % dans la roche cristalline de Mesco ;
11,7 % dans le grès de Biassa ;
17,5 % dans le calcaire marneux du même tunnel :
En moyenne, 15,7 %.

Ainsi une galerie placée dans des conditions moyennes, et dont le percement à la poudre et en employant les procédés de forage habituel exigerait cinq années et coûterait 5 millions, ne demanderait que trente-sept mois et ne coûterait que 4,215,000 francs, à la condition d'employer la dynamite, et cela sans tenir compte de l'économie résultant de l'amélioration du travail et qui porterait sur les frais de ventilation, d'épuisement, de surveillance, l'intérêt et l'amortissement des capitaux engagés et les autres frais généraux de l'entreprise, économie qui atteindrait certainement un chiffre considérable.

Nous aurions voulu consigner ici quelques faits recueillis dans le percement du tunnel du Gothard qui s'effectue à l'aide de la dynamite. Mais nous devons, faute de renseignements détaillés, nous borner à dire que, grâce à l'emploi de cet explosif et de la perforation mécanique, ce percement difficile avance actuellement à la vitesse de 3 mètres par jour à chaque tête du tunnel.

TRAVAUX SUBMERGÉS.

Pour faire sauter à la poudre des roches submergées, il faut forer sous l'eau des trous de mine, puis les charger de cartouches absolument imperméables, et produire ensuite l'explosion par des moyens tels, qu'aucune goutte d'eau ne puisse atteindre la charge.

La dynamite qui n'est pas altérée par l'eau, qui peut faire explosion après un temps assez long d'imbibition complète, qui peut être bourrée avec l'eau elle-même, qui n'exige pas à la rigueur d'être confinée dans un fourneau de mine pour développer de grands effets, présente pour cet emploi particulier des avantages considérables.

Citons quelques démonstrations de l'emploi de la dynamite dans l'eau. Voici d'abord une expérience faite à Vincennes pendant le siége de Paris :

« Nous suspendons dans un seau plein d'eau un petit sac renfermant 100 grammes de dynamite, que nous laissons plonger dans l'eau.

« Le seau vole en éclats, dont quelques-uns sont projetés à une grande distance. »

On lit dans le procès-verbal des démonstrations faites au fort de Montrouge les détails suivants :

« Un tonneau cerclé en fer, de 2 hectolitres de contenance, placé debout et rempli d'eau, porte à sa partie inférieure une ouverture carrée, par laquelle on jette un paquet de quatre cartouches de 70 grammes munies de deux mèches préalablement allumées.

« Après l'explosion, on ne retrouve plus trace du tonneau; à la place où il reposait, s'est produit un entonnoir de $0^m,40$ de profondeur. »

Citons encore un extrait du procès-verbal des essais faits le 8 juillet 1871 à Montreuil-sous-Bois :

« Une noix de moulin à plâtre, en fonte, présentant la forme générale d'un cône tronqué, ayant $0^m,80$ de hauteur, $0^m,70$ de diamètre à la petite base et $0^m,80$ à la grande, $0^m,03$ d'épaisseur minima avec de nombreuses surépaisseurs, fut posée sur le sol par sa grande base. On garnit le fond d'un lit de plâtre, et on remplit ce vase d'eau jusqu'à un peu plus de moitié de sa hauteur. On prépara un paquet de six cartouches et de deux petites cartouches amorcées; on alluma les deux mèches et l'on jeta le tout dans l'eau. Le vase vola en éclats et les morceaux furent lancés avec une telle vitesse, que des ouvriers placés à environ 500 mètres entendirent siffler ces projectiles au-dessus de l'endroit où ils s'étaient abrités. Le sol était creusé à une cinquantaine de centimètres de profondeur, à la place où la noix de moulin avait été placée, sur un diamètre de $1^m,50$; les parois de ce trou étaient crevassées et comme damées par l'explosion. Une autre noix de moulin, analogue à la première, mais un peu moins épaisse, placée à côté d'elle, fut brisée en trois morceaux par le choc des éclats. »

Citons enfin un extrait d'une lettre du sous-lieutenant du génie Delahaye, relatant des expériences faites à Saint-Denis, en janvier 1871 :

« 600 grammes de dynamite ont été placés dans un sac de toile à l'intérieur d'un tonneau plein aux trois quarts d'eau. Ce tonneau était enterré dans le sol. A la suite de l'explosion, le tonneau avait été brisé et ses morceaux projetés, tandis que tout autour la terre avait été soulevée sur une épaisseur d'au moins 20 centimètres.

« 3 kilogrammes de dynamite ont été placés dans un sac et introduits dans une chaudière à vapeur à demi remplie d'eau. Cette chaudière avait environ 5 mètres de long et 1 mètre de diamètre ; la tôle avait 10 millimètres d'épaisseur. L'explosion eut pour résultat de briser le bouilleur en deux parties, dont la plus petite, d'environ 1 mètre de longueur, fut soulevée de $0^m,80$ environ, et rejetée sur le dessus du fourneau, où elle retomba retournée. Des morceaux de tôle, des boulons, des rivets et des tuyaux ont été projetés à plus de 150 mètres du lieu de l'explosion. »

Les applications de la dynamite aux travaux submergés ont été nombreuses et importantes pendant ces dernières années. Nous en rapporterons quelques-unes.

La passe de Bocca Falsa, dans le port de Trieste, a été approfondie, en 1871, à l'aide de la dynamite (*Mittheilungen über Gegenstaende des Artillerie und Genie Wesens; Mémorial de l'officier du génie*).

La roche à attaquer était un calcaire feuilleté.

On essaya l'action des charges de $0^k,560$, $1^k,120$, $2^k,240$ et $4^k,480$, posées librement sur la roche à des profondeurs variant de $0^m,95$ à $3^m,79$. Ces charges étaient contenues dans des tubes de fer-blanc de $0^m,16$ de diamètre et de hauteur, portant deux anneaux à leur couvercle et quatre à leur partie inférieure, soit pour le cordeau porte-feu, soit pour le passage des cordes et du lest destinés à assurer et à diriger la descente de la charge. Un tube fermé à la partie inférieure traversait le couvercle et devait recevoir la cartouche-amorce.

Les trois premières explosions donnèrent les résultats consignés dans le tableau ci-dessous :

POIDS DE LA CHARGE.	PROFONDEUR D'EAU.	EFFETS DE L'EXPLOSION.
$0^k,560$	$0^m,95$	Le rocher se montra fendu dans différentes directions, jusqu'à $1^m,89$ de distance. Une colonne d'eau fut soulevée de plus de 6 mètres et la couche de rocher broyée à $0^m,16$ de profondeur. Ni dans cette expérience ni dans les suivantes il n'y a eu d'éclats de pierre projetés hors de l'eau.
$4^k,480$	$1^m,26$	La partie plane, de 10^{mc} environ de surface, sur laquelle reposait la charge, fut tout entière détachée jusqu'à $0^m,16$ de profondeur, et couverte de fentes très-fines.
$0^k,560$	$1^m,10$	2 1/2 mètres carrés environ de la même dalle furent brisés en morceaux de $0^m,015$ à $0^m,060$. Des fentes se produisirent jusque dans le feuillet inférieur mis à nu.

On continua les expériences avec des charges ayant, suivant le cas, $0^k,560$, $0^k,120$, $2^k,240$ et $4^k,480$, et l'on brisa ainsi la dalle, qui avait été simplement détachée dans la deuxième expérience, en morceaux assez petits pour pouvoir être facilement remontés.

Les charges suivantes, simplement placées dans les entonnoirs produits par les premières, amenèrent partout l'approfondissement et l'élargissement dans tous les sens des premières excavations. Les différentes couches détachées avaient des épaisseurs comprises entre 16 et 40 centimètres. On employa ainsi 18 charges de $0^k,560$, 6 de $1^k,120$, 7 de $2^k,240$ et 3 de 4,480 : soit en tout $19^k,140$ de dynamite. Les excavations produites mesuraient $0^{mc},63$, $0^{mc},95$ et $0^{mc},10$: le cube total dégagé était de plus de 34 mètres cubes. En outre, on réduisit en éclats un rocher isolé d'environ $0^{mc},180$ avec une charge de $0^k,560$, et un autre de $0^{mc},240$ avec une charge de $1^k,120$ dans $1^m,48$ de profondeur d'eau. Pour terminer ces expériences, on déposa sur le rocher du fond, par une profondeur de $3^m,79$, des charges de $2^k,240$ et $4^k,480$, qui produisirent des excavations ayant respectivement $0^m,223$ et $0^m,63$ de profondeur, et $1^m,26$ et $1^m,89$ de diamètre.

On peut se dispenser d'enfermer les charges de dynamite dans des boîtes de fer-blanc : de simples sacs de toile suffisent parfaitement ; on peut même, dans la plupart des cas, déposer au point voulu un paquet de cartouches ficelé, et portant une cartouche-amorce et une mèche.

M. Séguran, conducteur des ponts et chaussées, a exposé dans les *Annales des ponts et chaussées* les résultats qu'il a obtenus dans plusieurs opérations de sautage à la dynamite sous l'eau. Cet ingénieur a enlevé d'abord des blocs qui obstruaient la passe du port de Cassis (Bouches-du-Rhône). La dynamite employée n'était pas celle à laquelle se rapportent les résultats précédents : elle était moins forte, moins vive et moins convenable pour l'emploi sous l'eau. Voici le tableau de quelques-uns des faits observés par M. Séguran :

BLOC A DÉBLAYER.		CHARGE		PROFONDEUR D'EAU au-dessus DE LA CHARGE.	EFFET PRODUIT.	OBSERVATIONS.
NATURE.	DIMENSIONS.	POSITION.	POIDS.			
Bloc artificiel (béton).	20 mètres cubes.	Librement à la surface, sans bourrage ni forage spécial.	11 kilos en 55 cartouches.	$1^m,30$	Le bloc est coupé en deux parties à peu près égales, fissurées dans tous les sens, et écartées l'une de l'autre de $0^m,54$.	L'explosion a été très-violente et a donné lieu à un soulèvement d'une colonne d'eau de 1 mètre de diamètre et de 40 à 50 mètres de hauteur.
Portions du bloc ci-dessus, résultant de la première explosion.	»	Dans un trou de mine de $0^m,70$ de profondeur foré au scaphandre.	$0^k,8$ dans chaque bloc.	$1^m,30$	Chacune des deux parties est subdivisée en morceaux assez petits pour pouvoir être enlevés sans difficultés.	L'opération entière a coûté 110 fr. 70 c., dont 56 fr. 70 pour les $12^k,600$ de dynamite, et 54 fr. pour neuf heures de scaphandre employées à faire les forages.
Bloc naturel (calcaire).	3 mètres cubes.	Librement à la surface, sans bourrage ni forage spécial.	$4^k,00$	$0^m,80$	Le bloc est divisé en deux parties écartées de $0^m,07$.	L'opération a coûté 48 fr., dont 18 fr. pour la dynamite et 30 fr. pour embrayer et enlever les deux morceaux.
Bloc naturel (calcaire).	$3^{mc},20$ $1^m \times 2^m \times 1^m,60$	Logée dans un trou de mine de $0^m,60$ de profondeur.	$0^k,800$	$1^m,00$	Le bloc est recoupé en fragments très-petits, qui sont éparpillés à 5 ou 6 mètres de distance, en sorte que l'on ne retrouve rien à son emplacement.	L'opération a coûté 33 fr. 60, dont 8 fr. 60 pour la dynamite, 24 fr. (4 heures de scaphandre) pour le forage du trou, 6 fr. (1 heure de scaphandre) pour l'enlèvement des débris.

La Compagnie des Messageries maritimes fit construire, en 1872, à la Ciotat, un chenal de 42 mètres de longueur à 95 mètres en avant de la cale de halage. Il s'agissait de porter le fond de $5^m,30$ à $6^m,10$ sur une largeur de 2 mètres.

On prépara des trous de mine de $0^m,07$ de diamètre, situés alternativement sur l'axe et à $0^m,50$ à droite et à gauche de cet axe. Aussitôt fait, chacun des trous sur l'axe ou chacun des systèmes de deux trous était chargé d'une cartouche de 700 grammes, que l'on y faisait arriver au moyen d'un entonnoir en fer-blanc de 7 mètres de longueur, puis fortemement bourré avec un bourroir en bois; on plaçait au-dessus une cartouche-amorce de 25 grammes que l'on maintenait contre la charge par quelques poignées de gravier qu'on laissait tomber dans le trou par le moyen de ce même entonnoir.

Les débris enlevés à l'aide d'un ponton à roues, le mètre cube ressortit à $80^f,24$. Précédemment, la même Compagnie avait fait faire à la poudre des approfondissements analogues, qui étaient revenus à 140 fr. le mètre cube.

Un banc de roche rendait inaccessible une partie du quai de la Consigne dans le fort de la Ciotat, et l'on avait résolu de le déraser jusqu'à une profondeur de 5 mètres au-dessous des basses mers. Il se composait de bancs de grès très-minces de $0^m,25$ à 0^m, 35 d'épaisseur, séparés par des couches de sable de $0^m,10$ à $0^m,15$. L'emploi de la poudre était rendu difficile par le peu d'épaisseur des bancs de roches, car on ne pouvait mettre la charge dans la couche de sable.

Le crédit alloué n'étant pas suffisant pour toute l'opération, M. Séguran proposa de commencer par ouvrir un chenal de 10 mètres de longueur. Pour cela, il creusa sur le bord, et suivant une perpendiculaire à l'axe du chenal, six trous de mine disposés de 2 mètres en 2 mètres, arrêtés seulement quand on rencontrait une couche de sable suffisante pour empêcher la barre à mine d'avancer. Ces six trous achevés, on leur donna le feu et l'on en fit six autres placés parrallèlement aux premiers et à $1^m,50$ en arrière, et ainsi de suite jusqu'à l'extrémité du rocher. On devait enlever le rocher sur 2 mètres pour obtenir 4 mètres de profondeur d'eau : les trous auraient donc dû avoir $1^m,50$ de profondeur, mais on ne put leur donner que des profondeurs variables de $0^m,25$ à $1^m,15$. Cependant la hauteur de charge fut toujours de $0^m,25$ à $0^m,40$, afin de briser le banc situé au-dessous de la couche de sable.

L'opération réussit; mais les déblais n'ont pas encore été enlevés, faute de fonds, et M. Séguran se contente d'annoncer qu'il pense que le mètre cube de roc déblayé et enlevé ne reviendra qu'à 25 francs, tandis que le prix habituel à la Ciotat est de 35 francs.

APPLICATIONS DIVERSES.

Le sautage des roches, soit à sec, soit sous l'eau, dans les travaux publics, les mines et les carrières, est certainement la plus importante des applications industrielles de la dynamite; mais le nouvel explosif a été aussi employé avec succès à un grand nombre d'opérations spéciales où ses remarquables propriétés ont pu être avantageusement utilisées. Nous nous bornerons à énumérer rapidement ces emplois particuliers de la dynamite.

On s'en sert, en Amérique, pour l'extraction de l'huile de pétrole. Quand la production des trous de sonde diminue, on fait détoner au fond du forage une charge de dynamite, qui ébranle et fissure la roche et produit de nouvelles issues par lesquelles l'écoulement recommence.

On peut de même employer la dynamite pour augmenter le débit des puits à eau ou des puits de salines. En 1870, un propriétaire de Gyeddesdal, faisant construire un puits dans sa ferme, rencontra à 25m,25 de profondeur une couche de silex très-dure. On allait abandonner le fonçage lorsqu'on eut l'idée d'essayer la dynamite. Une cartouche de 1k,100 suffit pour percer la couche de silex et même pour ouvrir une communication avec une couche aquifère. On fit sauter encore deux charges semblables, et le puits donne aujourd'hui 100 à 110 mètres cubes d'eau par jour.

En appliquant contre des tabliers de ponts en fer ou en fonte des boudins chargés de quelques grammes de dynamite, on peut les couper complétement.

C'est ce qu'on a fait sous l'eau, en 1872, à Billancourt, Saint-Ouen, Bougival, pour diviser et retirer de la Seine les masses métalliques composant les arches des ponts détruits pendant la guerre. Le même procédé a été appliqué à plusieurs autres ponts de la Seine et de la Marne. Les charges de dynamite étaient en général logées dans des boîtes en zinc qu'un plongeur déposait sur les objets à briser. On mettait le feu par l'électricité ou à l'aide d'une mèche de gutta-percha dont l'extrémité sortait de l'eau. Quelquefois on se contentait de ficeler ensemble un nombre convenable de cartouches, on armait cette charge d'une capsule munie d'un bout de mèche en gutta-percha ; on allumait la mèche et on laissait simplement tomber le tout à la place voulue. La mèche ainsi allumée continue à brûler dans l'eau.

Voici, à ce sujet, l'extrait d'une lettre de M. Edmond Duval, qui a dirigé plusieurs travaux de cette nature :

« Mais la plus grande difficulté consista à débarrasser l'arche du milieu (du pont de Billancourt), formant une masse de fer de 150,000 kilogrammes, sans point d'appui pour la relever. On se décida à employer la dynamite; on put couper et briser des poutres de fer de 20 à 40 millimètres d'épaisseur à 5 ou 6 mètres de profondeur dans l'eau. Un plongeur descendait avec une boîte de dynamite, la plaçait à l'angle des deux pièces qu'il fallait séparer, et au moyen de l'étincelle électrique on obtenait la détonation. »

Il suffisait ordinairement de 2k,500 de dynamite placés dans une boîte en zinc de forme triangulaire. Voici le résumé de plusieurs expériences :

Première Expérience. — Une poutre de 19 mètres de long sur 2m,50 de haut était attachée au tablier du pont par sept poutres transversales : le tout fut brisé par neuf explosions, dont quatre de 5 kilogrammes et cinq de 2k,700.

2me *Expérience.* — Une poutre de tôle de 15 mètres de long sur 2m,50 de haut, et attachée au tablier du pont par cinq poutres transversales, fut brisée par cinq boîtes de 5 kilogrammes.

3me *Expérience.* — Une poutre de 25 mètres de long sur 2m,50 de haut, attachée au tablier par sept poutres transversales, fut brisée par sept boîtes de 2k,500.

Les poutres transversales avaient 0m,980 de haut et 52 millimètres d'épaisseur.

On a employé aussi la dynamite pour débiter des voussoirs de pont en fonte dont les grandes dimensions rendaient le transport difficile et la vente comme vieille matière peu profitable.

On a employé aussi quelquefois la dynamite pour briser la glace, dégager un cours d'eau ou préserver un pont des effets d'une débâcle. Dans ce genre d'application, il faut ou dégeler la dynamite au moment de placer les charges, ou se servir d'amorces capables de produire à coup sûr l'explosion de la dynamite gelée.

On se sert encore assez souvent de la poudre Nobel pour débiter dans les usines de grosses masses de fer, d'acier ou de fonte, des loups de fourneaux, par exemple, qui ne peuvent être déplacés ni utilisés et qu'on ne saurait diviser par d'autres moyens. Des opérations de ce genre ont été faites déjà sur quelques millions de kilogrammes de masses métalliques de ce genre avec facilité et économie.

La dynamite a été aussi utilisée pour briser des navires échoués, soit pour en utiliser les matériaux ou opérer le sauvetage partiel de la cargaison, soit pour dégager les passes ou bassins encombrés par ces épaves.

On trouvera dans les divers ouvrages auxquels nous avons déjà emprunté plusieurs citations, de nombreux exemples de ces deux dernières applications sur lesquelles nous n'insisterons pas davantage.

La dynamite a trouvé aussi d'utiles applications dans quelques défrichements, soit pour briser les arbres, soit pour diviser et même pour extraire les souches.

Voici à ce sujet un extrait de la déposition présentée, le 22 mai dernier, par le duc de Sutherland, devant la commisson de la Chambre des communes chargée d'étudier une loi sur les explosifs.

Question nº 1707. M. le Président : Dans votre opinion, l'emploi de ce nouvel explosif, s'il se généralisait, serait-il important pour les agriculteurs par l'économie qu'il apporterait à l'enlèvement des souches, des quartiers de roches et autres obstructions qui entravent la culture à vapeur et les améliorations ultérieures du sol ?

Réponse : Je suis certain que l'emploi de la dynamite serait important dans mon cas particulier. Nous sommes occupés à mettre en valeur de grandes étendues de tourbières et de grandes étendues de friches recouvertes de tourbe. La poudre ne ferait que s'infiltrer à travers les fentes des racines, et l'effet utile produit serait insignifiant; mais la dynamite semble avoir une si grande force, et elle fait explosion si rapidement, que les fissures ne paraissent pas diminuer son efficacité, et, au lieu de fendre seulement en partie les souches, elle les brise en morceaux et les met en état d'être très-bien enlevées par la culture à vapeur.

On emploie aussi la dynamite à la pêche : l'explosion au sein de l'eau d'une charge de dynamite tue ou étourdit les poissons qui se trouvent dans le rayon d'action assez étendu de la détonation.

Utilité de la dynamite.

Ayant fait connaître les principales applications de la dynamite aux usages de l'industrie, nous rappellerons, pour conclure, les opinions que l'étude des mêmes faits ou de faits du même genre ont inspirées à quelques ingénieurs expérimentés et autorisés.

Voici d'abord quelques lignes de la conclusion de notre collègue M. Caillaux, ingénieur civil des mines, sur l'étendue des services que l'on peut attendre de la dynamite :

« D'après ce que l'on peut déduire de l'examen des documents qui suivent cette note ;

« D'après tout ce qu'on sait aujourd'hui sur l'emploi de la dynamite, sur les avantages qu'on en retire lorsqu'on la compare à la poudre ordinaire, sur son action dans les travaux publics, les tunnels, les tranchées, etc., et dans les travaux de mines, nous sommes conduits à considérer cette substance comme une matière explosive appelée à rendre de grands services à l'industrie et à être un puissant auxiliaire de la poudre actuelle.

« Un de ses grands avantages consiste à accélérer le travail sans offrir plus de danger que les poudres dont on s'est servi jusqu'à présent; son emploi tend à contre-balancer et même à diminuer les effets onéreux de l'élévation du prix de la main-d'œuvre, et, dans certains travaux aquifères, tels que les foncements de puits, etc., elle est devenue d'un usage pour ainsi dire indispensable.

« A l'aide de ce nouvel agent, qui n'a pas encore dit son dernier mot, pour lequel la voie du progrès reste toujours ouverte, qui vient répondre et répondra de plus en plus, avec la pratique, aux exigences des temps actuels; à l'aide de ce nouvel agent, qui vient apporter le concours de sa force au profit de l'industrie, nous pourrons voir les travaux publics se développer plus encore qu'ils ne le sont aujourd'hui, et plus rapidement et plus économiquement exécutés, les chemins vicinaux et les voies ferrées qui doivent transporter la vie au sein de nos montagnes.

« Les services que nous signalons ainsi suffiraient certainement pour justifier l'étude sérieuse que l'on doit faire de la dynamite en même temps que la faveur dont elle jouit auprès des industriels qui la connaissent et l'emploient; mais il en est d'autres qu'elle pourra rendre encore, si son prix n'est pas trop élevé, et qui méritent aussi la plus haute attention.

« Si, en effet, le prix de cette substance n'est pas trop élevé, on pourra prétendre à reprendre un grand nombre de mines métalliques anciennes, abandonnées en France depuis des siècles.

« Sous l'influence de son action, unie à celle d'autres puissants agents, action qui deviendra de plus en plus grande à mesure que son emploi se généralisera, de nouveaux centres industriels pourront être créés dans des lieux déserts aujourd'hui et où régnait jadis une grande activité, et enfin la France, tout en ouvrant ainsi une nouvelle source de travail, puisera dans le sein de son sol tout ou partie des substance métalliques qu'elle achète chaque année sur les marchés étrangers.

« Par des expériences nombreuses dans des mines métalliques, par les travaux déjà exécutés sur les roches, nous savons que l'emploi de la dynamite au prix moyen de 4 fr. 50 le kilogramme, comparé à celui de la poudre au prix de 2 fr. 25, donne lieu à une économie de 20, 25, 30 et 40 pour 100, et que, dans tous les cas, si on n'obtient pas une économie immédiate d'argent, on double au moins le travail dans le même temps.

« C'est un immense avantage, sur lequel il est inutile d'insister.

« Sans entrer dans de plus grands détails, ce que nous venons de dire suffit pour montrer toute l'importance de la dynamite, dont l'utilité reçoit chaque jour, par la pratique, une consécration nouvelle.

« Les avantages qu'on en peut retirer ont été compris par tous ceux qui l'ont employée, et de nombreuses manifestations ont déjà été faites en sa faveur, afin qu'elle pût être mise à la portée des travaux et des services privés ou publics.

« Enfin, nous pouvons conclure :

« Que l'emploi des substances explosives plus puissantes que la poudre ordinaire dans la voie chimique où elles sont entrées, voie encore perfectible, et en particulier de la dynamite, correspond aux plus hautes questions d'intérêt général. »

Citons encore les conclusions résumées du rapport que M. Trauzl présenta, dès 1869, au ministre de la guerre d'Autriche, sur l'utilité de la dynamite :

« 1° La dynamite répond, au point de vue de la puissance et de la facilité d'emploi, à toutes les conditions exigibles d'un explosif militaire.

« 2° L'expérience acquise depuis la fin de 1868 rend vraisemblable que le nouvel explosif peut être également accepté pour les usages militaires, sous le rapport de la stabilité chimique et de la possibilité de le transporter.

« 3° La dynamite présente sur la poudre de mine une supériorité marquée dans l'application aux industries extractives, construction des chemins de fer, exploitation des roches, etc. »

En suite à ce rapport, le ministère de la guerre de l'Empire décida de soumettre la dynamite à une série systématique et complète d'essais au point de vue de son emploi dans l'art militaire, et en même temps de remettre à l'industrie privée de plus grandes quantités du nouvel explosif, afin d'obtenir aussi dans cette direction des données précises et approfondies.

La conduite de ces séries étendues d'expériences fut confiée à M. Trauzl. Les résultats obtenus sont rapportés par le résumé suivant, qui fait connaître en peu de mots les conclusions auxquelles on est parvenu :

« La dynamite présente par rapport à la poudre noire, d'une façon incontestable, les avantages suivants.

« 1° La préparation en est plus simple, moins dangereuse, plus rapide, et donne un produit beaucoup plus semblable à lui-même.

« 2° La dynamite offre une sécurité bien plus grande au point de vue de l'explosion par le feu ou par les corps incandescents ; elle est pratiquement sans danger, au point de vue des coups et des chocs, tels qu'il peut s'en produire dans le transport. Il en résulte qu'elle présente moins de danger de transport et d'emploi que la poudre noire.

« 3° La stabilité chimique est pratiquement suffisante : sa conservation n'est donc pas accompagnée de dangers spéciaux.

« 4° Sa force est, suivant les circonstances de l'application, de deux à dix fois plus grande que celle d'un poids égal de poudre noire, et sa faculté brisante permet un emploi très-avantageux là où il faut se servir de charges non confinées.

« En ce qui concerne le travail des mines et des tunnels, et l'extraction des pierres au jour, la dynamite est supérieure à la poudre, d'une telle façon qu'elle remplacera complétement cette dernière dans la plupart des cas.

« Pour les galeries et les puits, l'économie sur le travail de forage atteint moyennement de 20 à 40 pour 100 ; le temps gagné dans l'avancement du travail atteint de 40 à 70 pour 100. Cet avantage devient surtout très-marquant pour les travaux submergés.

« 5° Les gaz résultant de l'explosion, lorsque la mise à feu est bien pratiquée, sont moins nuisibles que ceux que produit la poudre noire.

« Si l'on considère l'ensemble de ces avantages si importants, on arrive à cette conclusion :

« Que l'introduction la plus rapide possible du nouvel explosif est hautement désirable pour l'intérêt militaire et pour l'intérêt économique du pays en général. »

La question était ainsi clairement posée au point de vue scientifique, mais la solution pratique présentait deux difficultés importantes : le monopole de la poudre, l'interdiction du transport sur les chemins de fer et sur les navires à vapeur.

Ces deux difficultés ont été levées par le gouvernement autrichien, et, depuis quelques années déjà, la dynamite, librement fabriquée, transportée et vendue, est entrée largement dans l'usage industriel. La consommation annuelle de l'Autriche dépasse aujourd'hui 500,000 kilogrammes, et les bénéfices dus à l'application de ce puissant explosif sont immenses.

Il n'en est malheureusement pas de même en France. L'industrie de la dynamite s'y était établie en 1871 et le nouveau produit commençait à être apprécié par les industriels, lorsque l'administration des finances, dans un esprit étroit de fiscalité, vint entraver ce progrès, prohiba la fabrication et le commerce de la dynamite. Depuis deux ans, il n'est presque plus possible de se procurer dans notre pays cet agent si précieux, que nos voisins utilisent à leur plus grand profit. Les entrepreneurs de travaux publics, les exploitants de mines et de carrières, qui avaient adopté l'emploi du nouvel explosif, en sentent vivement la privation ; ils ont fait entendre leurs plaintes par tous les moyens en leur pouvoir. Les sociétés techniques et savantes, les conseils généraux des départements miniers, les associations d'industriels, ont soumis leurs doléances et leurs vœux au gouvernement et à l'Assemblée nationale.

Malgré ces démarches pressantes, la question n'est pas encore résolue, et le pays reste, sous ce rapport, dans un état d'infériorité regrettable sur ses concurrents.

Nous ne voulons pas traiter dans ce travail le point de vue administratif et légal de la fabrication et du commerce des explosifs. Nous avons eu d'ailleurs l'occasion de l'étudier dans d'autres publications. Nous nous bornerons donc à émettre en terminant le vœu que cette importante question d'intérêt public reçoive prochainement une solution favorable.

Nota. — Pendant l'impression de ce travail, l'Assemblée nationale a voté, le 8 mars 1875, une loi autorisant la libre fabrication de la dynamite moyennant impôt.

Paris. — Imprimerie VIÉVILLE et CAPIOMONT, rue des Poitevins, 6.
Imprimeurs de la Société des Ingénieurs civils.

www.ingramcontent.com/pod-product-compliance
Ingram Content Group UK Ltd.
Pitfield, Milton Keynes, MK11 3LW, UK
UKHW020338180726
13839UKWH00002B/774